U0318392

型钢部分包裹再生混凝土柱受力性能与设计方法

梁炯丰　著

科学出版社

北　京

内 容 简 介

本书旨在介绍型钢部分包裹再生混凝土柱的受力性能和设计方法，主要内容包括绪论、型钢与部分包裹再生混凝土界面黏结滑移试验及分析、型钢部分包裹再生混凝土柱轴压性能研究、火灾（高温）后型钢部分包裹再生混凝土柱轴压性能研究、型钢部分包裹再生混凝土柱偏心受压性能研究。

本书可供土木工程领域的科研人员、工程技术人员，以及高等院校相关专业的教师和研究生参考使用。

图书在版编目(CIP)数据

型钢部分包裹再生混凝土柱受力性能与设计方法/梁炯丰著. —北京：科学出版社，2018.6

ISBN 978-7-03-054978-5

Ⅰ. ①型… Ⅱ. ①梁… Ⅲ. ①型钢混凝土-受力性能-研究②型钢混凝土-设计-研究 Ⅳ. ①TU528.571

中国版本图书馆 CIP 数据核字（2017）第 262337 号

责任编辑：王 钰 / 责任校对：王万红
责任印制：吕春珉 / 封面设计：东方人华设计部

科学出版社出版
北京东黄城根北街 16 号
邮政编码：100717
http://www.sciencep.com
三河市骏杰印刷有限公司印刷
科学出版社发行 各地新华书店经销
*
2018 年 6 月第 一 版 开本：B5（720×1000）
2018 年 6 月第一次印刷 印张：10 1/4
字数：207 000

定价：70.00 元

（如有印装质量问题，我社负责调换〈骏杰〉）
销售部电话 010-62136230 编辑部电话 010-62130750

前　言

进入 21 世纪，我国基础设施建设规模之大、速度之快前所未有，由此带来的巨大能源和资源消耗逐渐成为制约我国经济社会发展的重要问题。大量混凝土和钢材的使用导致天然不可再生资源的过度开采和使用，并对河床、植被造成严重破坏。与此同时，地震、火灾、爆炸、海啸、洪水、台风等灾害造成许多混凝土结构倒塌破坏，产生大量的建筑废弃物，对自然环境造成严重污染。如何合理、有效地利用这些建筑废弃物，实现建设资源节约型和环境友好型社会及国民经济的可持续发展，已成为我们必需面对和解决的问题之一。

再生混凝土概念的提出为处理上述建筑废弃物提供了有效手段。再生混凝土有效利用了建筑废弃物中废弃混凝土破碎后形成的再生粗骨料，是一种绿色环保型建筑材料，它既能节约天然骨料，又可解决自然环境污染问题，因此再生混凝土的推广应用符合可持续发展的要求。针对再生混凝土的特点，通过型钢部分包裹再生混凝土的组合结构形式来改善其缺陷。型钢部分包裹再生混凝土柱通过内部包裹再生混凝土的侧向支撑作用提高了型钢的稳定性和刚度，同时三面型钢的约束作用对再生混凝土的力学性能有所改善，两者的组合充分发挥了材料各自的性能，具有承载力高、延性好的特点。因此，型钢部分包裹再生混凝土柱具有抗震性能好、节点连接构造施工简便和再生混凝土节能环保、资源可再生利用的显著优点，不但可以提高建筑结构的抗震防灾能力，而且能充分利用废旧混凝土；既能保护混凝土骨料产地的生态环境，又能解决城市废弃物的堆放占地和环境污染等问题，具有显著的经济效益、社会效益和环境效益，以及广阔的应用前景。

本书主要内容包括型钢与部分包裹再生混凝土界面黏结滑移试验及分析、型钢部分包裹再生混凝土柱轴压性能研究、火灾（高温）后型钢部分包裹再生混凝土柱轴压性能研究、型钢部分包裹再生混凝土柱偏心受压性能研究。

本书的研究工作主要得到了国家自然科学基金项目（项目编号：51368001）和江西省杰出青年人才资助计划项目（项目编号：20162BCB23051）的资助。另外，感谢江西省自然科学基金项目（项目编号：20171BAB206053）、江西省重点研发计划项目（项目编号：20161BBH80045）、中国博士后基金项目（项目编号：2014M562132）、江西省教育厅基金项目（项目编号：GJJ150586）的大力支持。

在撰写本书的过程中，作者的研究生王长诚、熊政、谢挺挺及本科生刘卫卫做了大量工作，在此深表感谢！另外，感谢我的老师、同事、家人、朋友的鼓励和帮助！

由于作者水平有限，书中难免存在疏漏和不足之处，恳请专家和读者批评指正。

梁炯丰

2017年8月

目　　录

前言

第 1 章　绪论 …… 1

1.1　研究背景 …… 1

1.2　再生混凝土的研究现状 …… 2

1.2.1　再生混凝土配合比及基本性能 …… 2

1.2.2　钢筋再生混凝土结构 …… 3

1.2.3　钢管再生混凝土结构 …… 5

1.2.4　型钢再生混凝土结构 …… 6

1.3　型钢部分包裹混凝土结构 …… 6

1.4　本书研究内容 …… 8

第 2 章　型钢与部分包裹再生混凝土界面黏结滑移试验及分析 …… 9

2.1　概述 …… 9

2.2　试件概况 …… 9

2.2.1　试件设计与制作 …… 9

2.2.2　试验加载方案 …… 11

2.3　试验结果与分析 …… 11

2.3.1　试验过程 …… 11

2.3.2　试件的 P–S 曲线 …… 12

2.3.3　P–S 曲线的特征点 …… 14

2.4　黏结强度分析 …… 15

2.4.1　平均黏结强度 …… 15

2.4.2　黏结强度的主要影响因素 …… 16

2.4.3　黏结强度的回归分析 …… 18

2.4.4　黏结滑移的回归分析 …… 18

2.5　黏结滑移本构关系 …… 20

第 3 章　型钢部分包裹再生混凝土柱轴压性能研究 …… 23

3.1　概述 …… 23

3.2 试件概况 …… 23
3.2.1 试件设计与制作 …… 23
3.2.2 试验材料的力学性能 …… 25
3.3 试验加载与测试方案 …… 26
3.3.1 试验加载方案 …… 26
3.3.2 试验测试方案 …… 27
3.4 试验现象与分析 …… 30
3.4.1 试验现象及破坏特征 …… 30
3.4.2 试件的荷载-变形曲线 …… 46
3.4.3 影响短柱承载力的因素 …… 56
3.5 轴压柱承载力的计算方法 …… 61
3.5.1 国外有关计算公式 …… 61
3.5.2 承载力计算公式的建立 …… 62

第 4 章 火灾（高温）后型钢部分包裹再生混凝土柱轴压性能研究 …… 67

4.1 概述 …… 67
4.2 试件概况 …… 67
4.2.1 试件设计与制作 …… 67
4.2.2 试验材料的力学性能 …… 68
4.2.3 试验装置及方法 …… 69
4.3 试验结果与分析 …… 70
4.3.1 烧失量 …… 70
4.3.2 高温后试件的外观变化 …… 73
4.3.3 试验过程及破坏形态 …… 74
4.3.4 试件的 P-Δ曲线 …… 92
4.3.5 试件受力的特征点参数 …… 96
4.3.6 峰值荷载分析 …… 97
4.3.7 峰值位移分析 …… 99
4.3.8 初始刚度分析 …… 101
4.3.9 延性分析 …… 103
4.3.10 耗能分析 …… 105
4.4 高温后型钢部分包裹再生混凝土柱轴压承载力计算 …… 107

第 5 章 型钢部分包裹再生混凝土柱偏心受压性能研究 …… 110

5.1 概述 …… 110

5.2　试件概况……110
5.2.1　试件设计与制作……110
5.2.2　试验材料的力学性能……112
5.2.3　试验加载装置与数据采集……114
5.2.4　测点布置……115
5.3　试验结果与分析……116
5.3.1　试验过程描述与破坏模式……116
5.3.2　荷载-变形曲线……128
5.3.3　荷载-应变曲线……133
5.3.4　型钢部分包裹再生混凝土柱在弱轴方向与强轴方向受力特性的对比……139
5.4　偏压柱承载力的计算方法……141
5.4.1　偏压柱在弱轴方向的承载力计算方法……141
5.4.2　偏压柱在强轴方向的承载力计算方法……145
参考文献……151

第1章 绪　　论

1.1 研究背景

在多、高层建筑中，采用钢-混凝土组合柱不仅可以改善构件的力学性能，还能降低造价、节约成本。目前工程中常用的钢-混凝土组合柱主要为钢管混凝土柱和型钢混凝土柱，但这两类组合构件均存在一定的缺点：钢管混凝土柱由于受到钢管标准截面尺寸的限制，很少用到较大直径的钢管（大尺寸的钢管存在局部屈曲的明显缺陷）；型钢混凝土柱需要大量的模板和附加纵筋，且梁柱节点连接设计复杂，这些缺点限制了其工程应用范围。

综合考虑钢管混凝土柱和型钢混凝土柱的优、缺点，型钢部分包裹混凝土柱（partially encased concrete，PEC 柱）被欧洲国家引入结构工程中，并在实际工程中得到了应用。PEC 柱是指在 H 型钢或钢板组合 H 形截面的两翼缘之间部分填充混凝土而成的一种新型组合构件（图 1.1）。这种柱综合了混凝土和钢材两种材料的优点，具有比型钢更高的承载力和比混凝土更好的延性，同时由于混凝土对型钢的保护作用，其抗火性能也优于无保护层的型钢柱。此外，这种新型组合柱在施工中节省模板、节点连接方便、施工便捷、可缩短工期，具有良好的应用前景。

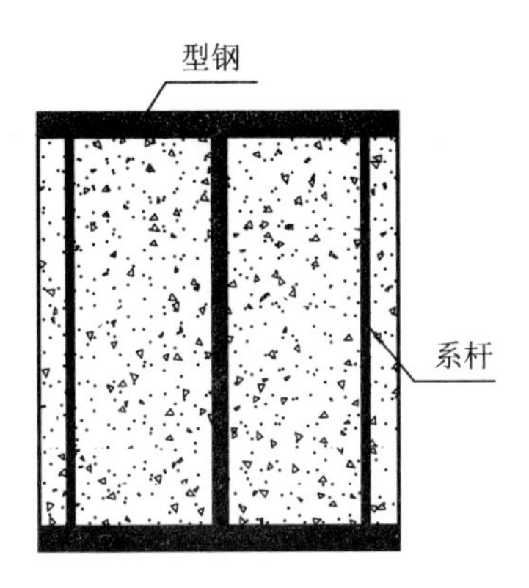

图 1.1　PEC 柱示意图

随着我国经济快速发展和城镇化建设进程的加快，基础建设规模越来越大，每年用于浇筑混凝土而采集的天然骨料消耗达几十亿吨，而拆除旧建筑产生了大量的建筑垃圾，从而带来了一系列资源枯竭、环境污染、能源消耗等问题。为了缓解这一矛盾，再生骨料及再生混凝土的开发应用研究已成为国内外普遍关注与亟待解决的问题。

为此，国内外学者对废弃混凝土再生利用进行了大量研究，主要包括再生骨料和再生混凝土基本性能的研究，如物理性能、力学性能和耐久性能等。研究结果表明：再生混凝土基本满足普通混凝土性能的要求，其应用于工程结构是可行的。但再生混凝土与普通混凝土相比，强度略有降低，弹性模量变小，变形性能有所增大。

针对再生混凝土的特点，本书提出了型钢部分包裹再生混凝土柱的组合结构形式来改善其缺陷。型钢部分包裹再生混凝土柱通过内部包裹再生混凝土的侧向支撑作用提高了型钢的稳定性和刚度，同时三面型钢的约束作用使再生混凝土的力学性能有所改善，两者的组合作用充分发挥了材料各自的性能，具有承载力高、延性好的特点。

因此，型钢部分包裹再生混凝土柱融合了 PEC 柱承载能力高、抗震性能好、节点连接构造施工简便和再生混凝土节能环保、资源可再生利用的显著优点，不仅可以提高建筑结构的抗震防灾能力，还能充分利用废旧混凝土；既能保护混凝土骨料产地的生态环境，又能解决城市废弃物的堆放占地和环境污染等问题，具有显著的经济效益、社会效益和环境效益，以及广阔的应用前景。

1.2 再生混凝土的研究现状

1.2.1 再生混凝土配合比及基本性能

肖建庄[1]领导的课题组对再生混凝土的基本物理力学性能进行了一系列的试验研究，结果表明：与普通混凝土情况相比，当再生粗骨料取代率分别为 30%、70%、100%时，再生混凝土的抗压强度分别降低了 24%、28%、30%；当再生粗骨料取代率为 50%时，再生混凝土的抗压强度却提高了 3.1%。

Ikeda 等[2]的研究结果表明：与普通混凝土的抗拉强度相比，再生混凝土的抗拉强度相差并不大，一般情况下，再生混凝土的抗拉强度降低幅度不会超过 10%。

Bairagi 等[3]的研究结果表明：与普通混凝土情况相比，再生混凝土弹性模量降低了 33%。Kakizaki 等[4]的研究结果表明：与普通混凝土情况相比，再生混凝土弹性模量的降低幅度在 25%～40%。Cains 等[5]则认为再生混凝土的弹性模量较普通混凝土降低了 15%。邢振贤等[6]的研究结果表明：与普通混凝土情况相比，再生混凝土抗压弹性模量和抗拉弹性模量分别降低了 28%、34%。Nagaoka[7]的研究结果表明：与原始混凝土相比，再生粗骨料取代率为 100%的再生混凝土抗压模量和抗拉模量分别降低了 8.9%、6.9%；再生混凝土的弹性模量随着水灰比的降低而增加，当再生混凝土的水灰比从0.8降至0.4时，其抗压弹性模量增加了近53.7%。

Yamato等[8]的研究结果表明：与普通混凝土相比，再生混凝土的徐变增大幅度在30%～60%，再生粗骨料取代率对再生混凝土的徐变影响十分明显。Ravindrarajah等[9]认为：在相同水灰比条件下，与普通混凝土相比，再生混凝土的收缩应变增大了10%～90%，且这种差别随着时间的增加而不断加大。Mesbah等[10]也得出了与此相类似的研究结论。

Etxeberria等[11]和Achtemichuk等[12]通过研究不同再生粗骨料的生产过程和不同粗骨料含量对再生混凝土的影响，提出了再生粗骨料和再生细骨料配置低强度混凝土配合比的设计方法。

Evangelista等[13]和Tabsh等[14]学者对不同再生粗骨料、不同孔隙率和不同取代率的再生混凝土进行了力学性能试验研究，结果表明：随着骨料取代率的增加，再生混凝土的强度略有降低，随着水灰比的增大，抗压强度降低，提高骨料含水率能提高再生混凝土的强度，再生骨料粒径大、级配好的再生混凝土强度高。他们基于再生骨料的骨料取代率、最大粒径、骨料级配、骨料含水率、水灰比对再生混凝土抗压强度的影响规律，给出了不同取代率再生混凝土应力-应变本构方程，再生混凝土抗拉强度、抗压强度之间的换算公式。

Fung[15]和Levy等[16]对再生混凝土的耐久性能进行了研究，结果表明再生混凝土耐久性能更多地受到骨料本身性能（如强度及含量、含水状态）的影响，其耐久性较天然骨料混凝土要低。

肖建庄等[17]和李秋义等[18]通过试验研究了再生混凝土的配制方法、力学性能、耐久性能，结果表明：再生混凝土的应力-应变全曲线的总体形状和普通混凝土相似，但曲线上各特征点的应力和应变值有所区别；再生混凝土的棱柱体抗压强度与立方体抗压强度的比值高于普通混凝土；再生混凝土的峰值应变大于普通混凝土；再生混凝土的弹性模量明显低于普通混凝土。合理配制的高性能再生混凝土具有良好的耐久性，在极端严重的侵蚀环境作用下使用年限可达100年。再生骨料的粒形对耐久性有影响，经过颗粒整形的高品质再生骨料能显著提高再生混凝土的耐久性能。

1.2.2 钢筋再生混凝土结构

李丕胜[19]研究了钢筋外形对钢筋与再生混凝土之间黏结强度的影响，结果表明：钢筋外形对它们之间的黏结强度影响较大。当采用光面钢筋时，黏结强度随再生粗骨料的增加而不断降低；当采用螺纹钢筋时，再生粗骨料取代率对黏结强度的影响并不明显，且黏结强度与普通混凝土的情况较为接近。

兰阳[20]通过再生混凝土梁抗弯试验研究认为：再生混凝土梁的抗弯机理与普通混凝土梁大致相同；再生混凝土梁的刚度较普通混凝土梁低，且梁构件的刚度随再生粗骨料取代率的增大而不断降低；可采用现行规范公式对再生混凝土梁的抗弯承载力进行计算，但对再生混凝土梁正常使用验算时需进行有关修正。同时，他还对再生混凝土梁进行了抗剪试验研究，结果表明：再生混凝土梁发生常见的剪压破坏；与普通混凝土梁相比，再生混凝土梁开裂荷载要小，但斜裂缝平均宽度略大；随着再生粗骨料取代率的增加，再生混凝土梁的抗剪承载力不断降低。

张闻[21]对再生混凝土有腹筋梁进行了抗剪性能试验研究，分析了剪跨比、再生混凝土强度和配箍率对再生混凝土梁抗剪性能的影响。结果表明：再生混凝土梁的抗剪承载力较普通混凝土梁低；再生混凝土梁的抗剪承载力随着剪跨比的增大而降低，随着混凝土强度及配箍率的增大而提高。

Nishiura[22]通过试验研究了利用再生混凝土作为后浇叠合层的半叠合 U 形截面梁的弯剪受力性能，结果表明：再生混凝土后浇叠合层完全可以满足梁的弯剪受力性能要求。

Dolara 等[23]对预应力再生混凝土梁进行了受力性能试验研究，结果表明：与普通混凝土梁相比，预应力再生混凝土梁的变形增加十分明显，且梁的变形随着再生粗骨料取代率的增加而增大。

沈宏波[24]对再生混凝土柱进行了受压性能试验研究，分析了再生粗骨料取代率、偏心距对再生混凝土柱受压性能的影响。结果表明：与普通混凝土柱相比，再生混凝土柱的受压机理大致相同；可采用现行规范公式对再生混凝土柱受压承载力进行计算。

张静[25]通过低周反复荷载试验研究了再生混凝土柱的抗震性能，结果表明：再生混凝土的使用将会降低再生混凝土柱的抗震性能，但降低幅度不大；再生混凝土柱构件在合理设计的条件下是可以应用于抗震区的。

尹海鹏[26]通过低周反复荷载试验研究了再生混凝土长柱的抗震性能，分析了再生骨料取代率、轴压比和配筋率对柱构件抗震性能的影响。结果表明：再生混凝土长柱的抗震性能随着再生骨料取代率的增加而有所降低；与普通混凝土长柱相比，全再生混凝土长柱的抗震承载力、延性及耗能分别降低了 7%、3%、19%。

Gonzalez 等[27]对 30%再生粗骨料取代率的再生混凝土框架节点进行了抗震性能试验研究，得出了再生混凝土框架节点与普通混凝土框架节点的破坏形态及耗能机理相类似的结论，并提出了再生混凝土框架节点的设计方法。

Corinaldesi 等[28]进行了100%再生粗骨料取代率的再生混凝土节点低周反复加载试验，研究了在再生混凝土中掺加粉煤灰对节点性能的影响。结果表明：100%再生粗骨料取代率的再生混凝土节点的耗能能力比普通混凝土节点略低。在再生混凝土中掺加粉煤灰能提高节点的延性、增大节点耗能能力。

肖建庄等[29]完成了 3 种不同再生粗骨料取代率再生混凝土框架边节点在恒定竖向轴压荷载和水平低周反复荷载作用下的抗震性能试验研究，通过不同再生粗骨料取代率下的节点抗震性能对比分析，研究了再生混凝土节点在模拟地震作用下的破坏形态、滞回特性、延性等问题。结果表明：再生混凝土节点的破坏过程与普通混凝土类似，虽然再生混凝土节点的抗震性能略低于普通混凝土，但再生混凝土节点的延性等抗震性能仍满足相应抗震设防要求，再生混凝土可用于有抗震设防要求的框架节点中。

孙跃东[30]通过低周反复荷载试验研究了再生混凝土框架结构的抗震性能，分析了不同再生粗骨料取代率对再生混凝土框架结构抗震性能的影响。结果表明：再生混凝土框架的抗震性能并没有随着再生粗骨料取代率的增加而明显降低，再生混凝土框架表现出较好的抗震性能，其可应用于实际工程中。同时，他还通过低周反复荷载试验研究了再生轻质砌块充填、再生粗骨料取代率为50%的再生混凝土框架结构的抗震性能，结果表明：框架和填充墙工作协调性较好，填充墙使框架抗震承载力和刚度得到提高；在设计框架结构时应考虑填充墙的影响。

王社良等[31]通过加入钢纤维和tank纤维制成性能增强再生混凝土，并对其再生混凝土框架中节点进行了非线性分析。柳炳康等[32]先后完成了再生混凝土框架梁柱中节点、顶层边节点、顶层角节点的抗震性能试验，并对其破坏形态、滞回性能、延性特征、刚度退化等进行了研究，可为再生混凝土结构的工程应用提供试验依据和理论基础。

1.2.3 钢管再生混凝土结构

Konno等[33]和吴凤英等[34]对钢管再生混凝土进行了试验研究，结果表明：与普通钢管混凝土相比，钢管再生混凝土的力学性能并没有出现明显区别；尽管钢管再生混凝土的承载力、刚度等力学性能随着再生粗骨料取代率的增加而有所降低，但其仍表现出较好的抗震性能。

肖建庄等[35]对钢管约束再生混凝土柱进行了轴压试验研究，结果表明：再生混凝土的强度在钢管约束下得到了明显增强，其变形性能也得到相应改善；钢管再生混凝土的横向变形系数随再生粗骨料取代率的增加变化不大；随着再生粗骨料取代率的增加，钢管再生混凝土轴压承载力不断降低。

王玉银等[36]通过轴压试验研究了钢管再生混凝土柱和配置螺旋箍筋的钢筋再生混凝土短柱的受力性能，结果表明：在相同用钢量条件下，钢管再生混凝土柱的力学性能明显好于钢筋再生混凝土短柱；再生粗骨料取代率对钢筋再生混凝土柱轴压承载力的影响要明显大于对钢管再生混凝土柱轴压承载力的影响。

吴波等[37-40]提出了钢管再生混合柱构件的概念，并对薄壁钢管和方钢管再生组合柱构件的受压性能及抗震性能进行了试验和理论研究。结果表明：与钢筋混凝土柱构件相比，钢管再生混合柱构件具有较好的受力性能，可应用于实际工程中。

曾文祥[41]和陆鹏[42]分别对方钢管再生混凝土柱-钢梁节点、方钢管再生混凝土柱-再生混凝土梁节点的抗震性能进行了试验研究，分析了滞回曲线、骨架曲线、强度、刚度、耗能能力、延性、损伤等抗震性能指标，并对不同再生粗骨料取代率、混凝土强度、轴压比等参数对节点抗震性能的影响进行了扩展分析。

1.2.4 型钢再生混凝土结构

目前国内外对型钢再生混凝土结构的研究极少，薛建阳研究团队和陈宗平研究团队对型钢再生混凝土梁、柱在静力荷载作用下的基本受力性能进行了一定的试验研究，得出了一些结论，为型钢再生混凝土结构的后续研究奠定了坚实的基础，下面列举其中的一些研究成果。

王秀振[43]对型钢再生混凝土梁的抗剪性能进行了试验研究，分析了再生粗骨料取代率、剪跨比及再生混凝土强度对其抗剪性能的影响。结果表明：再生粗骨料取代率对型钢混凝土梁的抗剪承载力影响不大，梁的抗剪承载力随着再生混凝土强度的提高而提高，随着剪跨比的增大而减小。崔卫光[44]对型钢再生混凝土柱进行了轴压及偏压试验研究，分析了再生粗骨料取代率、长细比及相对偏心距对型钢再生混凝土柱受压性能的影响。结果表明：随着长细比的增大，型钢再生混凝土轴压柱的承载力不断降低；随着相对偏心距的增大，型钢再生混凝土偏压柱的承载力逐渐减小；再生粗骨料取代率对型钢再生混凝土受压柱承载力的影响很小。此外，郑华海[45]还对型钢再生混凝土在静力荷载作用下的黏结滑移性能进行了一定的试验和理论研究，结果表明：可以保证型钢再生混凝土的黏结性能，但再生粗骨料取代率对其黏结强度具有不利影响。

薛建阳等[46]为研究型钢再生混凝土框架中节点的破坏特征和抗震性能，对粗骨料取代率分别为 0、30%、70%、100%的节点试件进行了低周反复加载试验，分析了其破坏形态和受力特点，并对其滞回性能、承载能力、强度退化、刚度退化、延性及耗能能力等力学性能进行了分析研究。结果表明：型钢再生混凝土框架中节点的典型破坏形态是节点核心区剪切斜压破坏。相对于普通型钢混凝土框架节点而言，其抗震性能降低幅度不大。

1.3 型钢部分包裹混凝土结构

目前，国外对 PEC 柱的力学性能开展的研究工作较多，如加拿大已经将研究成果编入加拿大钢结构设计规范 CANCSA-S16-01，欧洲组合结构设计规范 Eurocode 4 中也收录了该研究成果。

Elnashai 等[47]在标准 H 型钢 PEC 柱翼缘之间增设横向拉结筋，保证了型钢与混凝土能够更好地协同工作。结果表明：构件设置横向拉结筋后，防止了大变形下柱翼缘的局部屈曲，增强了型钢和混凝土之间的黏结与抗滑移能力，其抗震性能得到了明显改善。

Elnashai 等[48]还对不同轴压比下的 PEC 组合柱进行了低周反复加载和拟动力试验研究，结果表明：仅配置拉结筋的 PEC 柱与配置拉结筋和附加纵筋的 PEC 柱相比，具有同样的抗震能力。

Tremblay 等[49]开展了 10 根纯钢板组合截面钢柱和 7 根薄壁钢板组合 PEC 柱的轴心受压性能试验研究，结果表明：纯钢板组合截面钢柱的破坏是由柱腹板和翼缘的局部屈曲所引起的，而 PEC 柱破坏形式表现为翼缘局部屈曲、横向拉结筋屈服和混凝土压溃。

Tremblay 等[50]进行了 5 根 PEC 柱轴心受压试验研究，结果表明：随着翼缘宽厚比和横向拉结筋的间距变化，柱翼缘的局部屈曲发生变化，且局部屈曲基本出现在 PEC 柱构件所能承受的极限荷载前后。

Bouchereau 等[51]对 24 个薄壁钢板组合截面 PEC 短柱进行了单调和循环往复荷载下的压弯性能试验研究，结果表明：试件的型钢构件局部屈曲与混凝土的压溃同时发生，弱轴弯曲试件的破坏趋向脆性，增设附加纵筋的弱轴受弯柱的性能得到明显改善。

Prickett 等[52]对高性能混凝土薄壁钢板组合 PEC 柱的受压性能进行了试验，结果表明：高强混凝土 PEC 柱与普通混凝土 PEC 柱的破坏模式相同，均表现为柱翼缘局部屈曲和混凝土的压溃，但高强混凝土 PEC 柱的破坏更趋向脆性；设置钢纤维可改善 PEC 柱的破坏模式。

Chicoine 等[53]对 PEC 柱在长期荷载作用下的性能和强度进行了研究，考虑了加载顺序和混凝土收缩、徐变对 PEC 柱轴向承载力的影响。结果表明：以短期加荷试验为基础建立的PEC柱轴向承载力公式可以用来估算长期荷载作用下柱的承载力。

在型钢部分包裹混凝土结构节点方面，Zandonini[54]详细研究了型钢 PEC 组合柱与钢梁节点处混凝土板中的压力向柱中传递的情况，分析了节点的承载力，提出了节点的设计模型；进行了 4 个内柱节点、5 个边柱节点（其中有 3 个节点带有混凝土板）的试验，并提出了节点的具体做法。Bursi 等[55]和 Braconi 等[56]对空间 PEC 柱-钢梁节点的处理方法及其对抗震性能的影响进行了探讨。

最近几年，国内也对 PEC 柱的力学性能进行了研究。

赵根田等[57-59]对焊接普通型钢截面的 PEC 短柱的轴心受压、偏心受压和抗震性能进行了试验研究，结果表明：构件在轴心受压下的破坏模式是翼缘局部屈曲、混凝土被压碎，横向系杆的设置加强了对混凝土的约束，系杆间距越小越能提高柱子的延性；随着初始偏心距的增大，偏心受压柱的承载力降低；随着含钢率和配箍率的提高，偏心受压柱的承载能力提高有限；影响 PEC 柱抗震性能的主要因素是轴压比，在其他条件相同的情况下，随着轴压比的增大，试件的延性急剧下降；随着含钢率的提高，构件水平承载力有所提高。

方有珍等[60, 61]对 10 个薄壁钢板组合 PEC 中长柱进行了拟静力试验研究，结果表明：柱脚部位混凝土压溃脱落，伴随拉结筋屈服，薄壁钢板组合截面翼缘出现局部屈曲；弱轴压弯试件中钢构件对混凝土的约束没有强轴大，而拉结筋的设置使其表现出较高的承载力和较好的延性；拉结筋间距改变对构件承载力和延性影响最为显著；混凝土强度的提高相应提高了构件的承载能力，但是延性有一定程度的劣化。

为了解焊接 H 型钢 PEC 柱-钢梁端板连接的抗震性能，赵根田等[57-59]又对型钢 PEC 柱-钢梁端板连接节点进行了循环荷载试验，分析了端板厚度、加劲板、背垫板对节点承载力、刚度、延性的影响。结果表明：端板厚度、设置背垫板会影响组合体的承载力，且对组合体的刚度影响很大，试件均表现出良好的延性。杨文侠等[62]对新型 PEC 柱-钢梁连接节点的抗震性能进行了研究，重点分析了试件的滞回性能、承载能力与转动刚度退化、延性、耗能能力和破坏模式。

1.4　本书研究内容

型钢部分包裹再生混凝土柱作为一种新型结构形式，国内外研究工作尚属空白，本书为了促进该新型结构构件的研究和应用，做了一些探索，主要内容如下：

1）绪论，主要介绍了研究的背景和意义。

2）试验研究，进行了型钢与部分包裹再生混凝土界面黏结滑移试验研究、型钢部分包裹再生混凝土柱轴压性能试验研究、火灾（高温）后型钢部分包裹再生混凝土柱轴压性能试验研究、型钢部分包裹再生混凝土柱偏心受压性能试验研究。本书主要阐述了试件制作过程及方法、试验设备及加载方法，描述了试验现象及试件破坏形态，比较了荷载-位移曲线的特点，测试了荷载作用下每个试件的极限荷载及其相应荷载下的应变，并分析了相关影响参数对试件承载能力及变形等性能的影响。

3）基于平均黏结强度的黏结滑移理论，建立了型钢部分包裹再生混凝土黏结强度计算公式及其黏结-滑移本构关系。

4）基于强度叠加理论推导了型钢部分包裹再生混凝土柱的受压承载力计算公式，并和试验结果进行了对比，吻合程度较好。

第 2 章　型钢与部分包裹再生混凝土界面黏结滑移试验及分析

2.1　概　　述

型钢部分包裹再生混凝土结构中型钢与部分包裹再生混凝土之间的黏结作用是保证型钢与所部分包裹的再生混凝土共同工作的前提。正是由于这种黏结作用，型钢才能与所部分包裹的再生混凝土共同工作、共同承担荷载，成为一种真正的新型组合结构形式。

型钢部分包裹再生混凝土黏结滑移性能的研究是型钢部分包裹再生混凝土结构理论中最基本的问题，也是关键问题。型钢与所部分包裹的再生混凝土界面的黏结能力对型钢部分包裹再生混凝土结构的承载能力、破坏形态、裂缝和变形及耐久性等有不同程度的影响。因此，型钢与部分包裹再生混凝土界面黏结滑移行为的准确揭示与模拟，对采用有限元法进行型钢部分包裹再生混凝土结构精确分析具有重要的意义。

2.2　试件概况

2.2.1　试件设计与制作

型钢部分包裹再生混凝土的黏结滑移性能试验共设计了 12 个试件，试验中主要考虑再生粗骨料取代率、界面埋置长度、混凝土强度等因素，试件采用水平浇筑。

试件的主要参数见表 2.1。试验所采用的型钢为普通焊接 H 型钢，强度均为 Q235B 级，其截面尺寸为 200mm×200mm×8mm×12mm，其力学性能指标见表 2.2；制作试件时在型钢一端预留一段未灌注再生混凝土作为自由端，另一端则保持核心再生混凝土与型钢截面齐平，作为加载端。

型钢部分包裹再生混凝土试件中的再生混凝土是指部分或全部采用再生粗骨料的混凝土，其取代率分别为 0、50%、100%；混凝土强度等级考虑了 C30、C40 两种，设计配合比见表 2.3。当实施型钢部分包裹再生混凝土试件浇筑时，制作相对应的混凝土立方体试块 3 个（150mm×150mm×150mm），并与试件在相同条件下养护 28 天后进行单轴受压试验，从而可得到再生混凝土的力学性能指标，见表 2.4。

表 2.1　试件的主要参数

试件编号	再生粗骨料取代率/%	混凝土强度等级	界面埋置长度/mm	H 型钢截面尺寸/（mm×mm×mm×mm）
C1	0	C30	420	200×200×8×12
C2	50	C30	420	200×200×8×12
C3	100	C30	420	200×200×8×12
C4	0	C40	420	200×200×8×12
C5	50	C40	420	200×200×8×12
C6	100	C40	420	200×200×8×12
C7	0	C30	280	200×200×8×12
C8	0	C30	350	200×200×8×12
C9	50	C30	280	200×200×8×12
C10	50	C30	350	200×200×8×12
C11	100	C30	280	200×200×8×12
C12	100	C30	350	200×200×8×12

表 2.2　钢材力学性能指标

材料名称	屈服强度/MPa	极限强度/MPa	弹性模量/MPa	强屈比
型钢腹板	337.3	456.3	1.95×10^5	1.35
型钢翼缘	274.3	422.7	1.91×10^5	1.54

表 2.3　再生混凝土设计配合比

强度等级	再生粗骨料取代率/%	材料用量/（kg/m^3）				
		水泥	砂	天然粗骨料	水	再生粗骨料
C30	0	500	479	1231	190	0
	50	500	479	1231	190	615.5
	100	500	479	0	190	1231
C40	0	420	320	1303	168	0
	50	420	320	651.5	168	651.5
	100	420	320	0	168	1303

表 2.4　混凝土强度试验结果

试样组别	混凝土强度等级	再生粗骨料取代率/%	立方体试件尺寸/（mm×mm×mm）	立方体抗压强度/（N/mm^2）
第一组	C30	0	150×150×150	46.4
第二组		50	150×150×150	43.4
第三组		100	150×150×150	22.4
第四组	C40	0	150×150×150	48.4
第五组		50	150×150×150	45.2
第六组		100	150×150×150	36.0

2.2.2　试验加载方案

试验采用 YAW-3000 微机控制电液伺服压力试验机进行推出试验加载，采用位移控制的加载制度，加载速率为0.001mm/s 。为了消除加载过程中试件偏心导致的误差，试验加载前将加载端和自由端截面打磨平整，保持两端截面与型钢纵向轴线垂直。加载时，在加载端部分包裹再生混凝土面上放置一块钢垫板，其边长略小于型钢内边长度。推出试验时，试件自由端型钢受压，加载端部分包裹再生混凝土受压，从而将部分包裹再生混凝土推出型钢。试验加载装置及试件安装如图 2.1 所示。

图 2.1　试验加载装置及试件安装

2.3　试验结果与分析

2.3.1　试验过程

试件在加载初期，型钢与所包裹的再生混凝土没有出现相对滑移，没有明显的现象；当加载荷载达到极限荷载的 50%时，试件发出“吱吱”的声音，这表明再生混凝土与型钢之间的化学胶结力开始破坏。随着加载荷载不断增大，试件的型钢翼缘与再生混凝土砌合处出现贯通间隙；随着试验继续进行，再生混凝土整体向下滑移；当试验结束时，试件底部的左右翼缘处有较多散落的混凝土。试件的试验过程如图 2.2 所示。

（a）无明显现象

（b）出现小滑移

（c）出现间隙

（d）整体向下滑移

图 2.2　试件的试验过程

2.3.2　试件的 *P*–*S* 曲线

型钢部分包裹再生混凝土各试验试件加载端的荷载-滑移（*P*–*S*）曲线如图 2.3～图 2.14 所示。

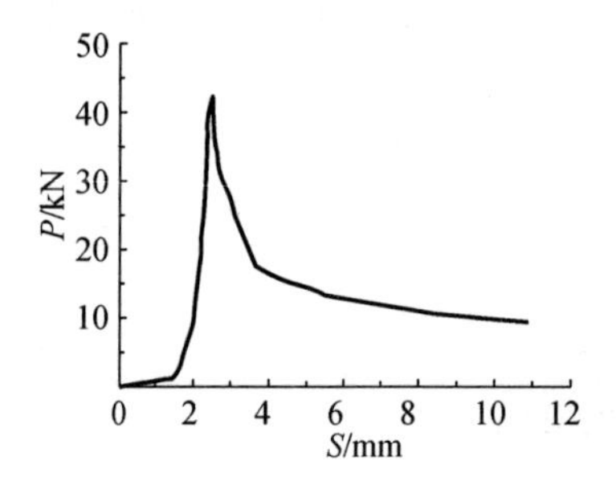

图 2.3　C1 试件的 *P*–*S* 曲线

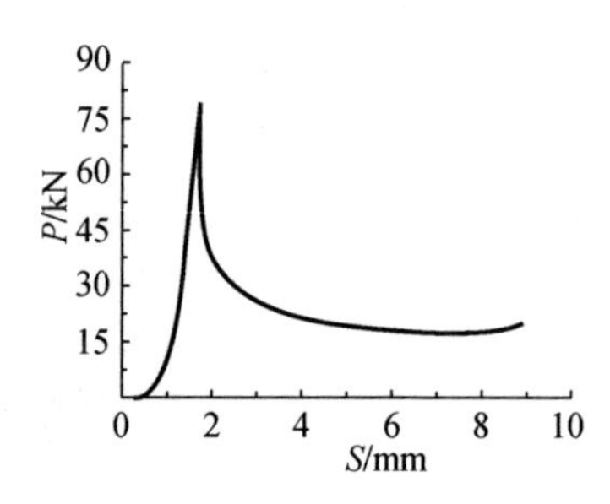

图 2.4　C2 试件的 *P*–*S* 曲线

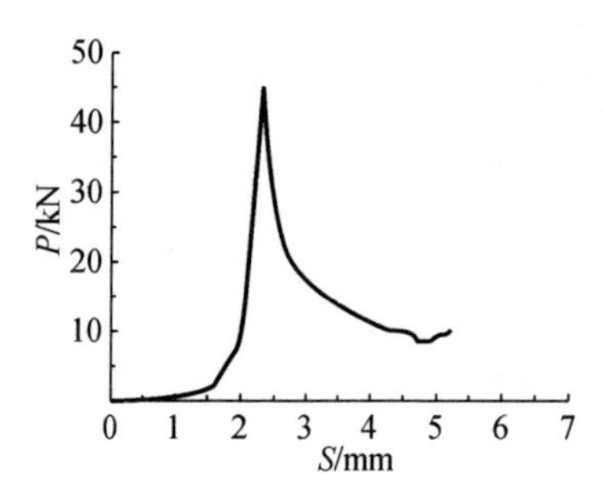

图 2.5　C3 试件的 *P*–*S* 曲线

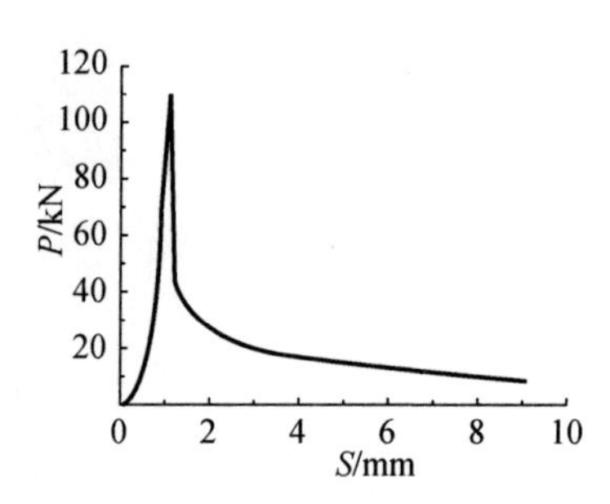

图 2.6　C4 试件的 *P*–*S* 曲线

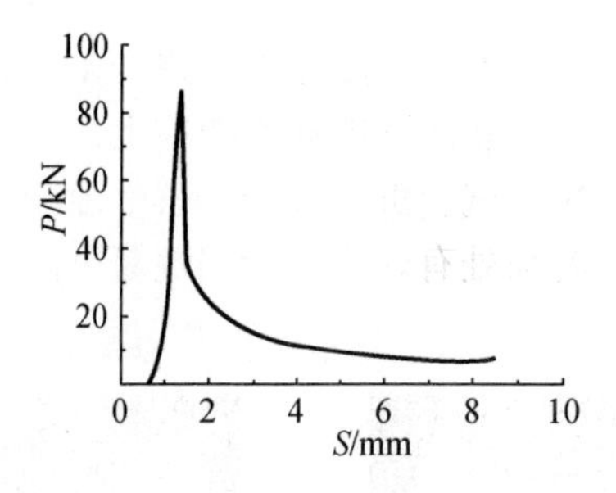

图 2.7　C5 试件的 *P*–*S* 曲线

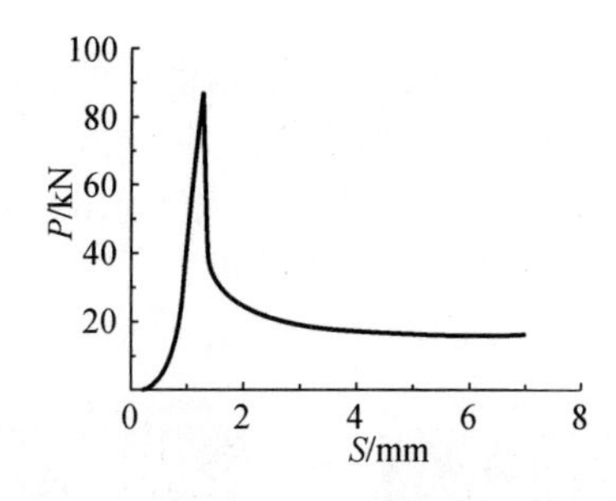

图 2.8　C6 试件的 *P*–*S* 曲线

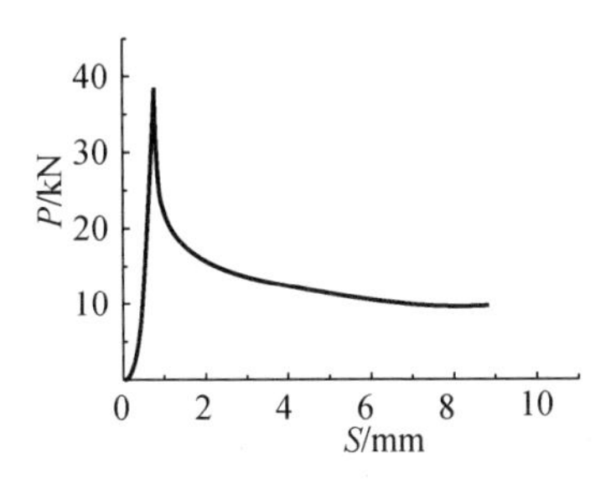

图 2.9　C7 试件的 P–S 曲线

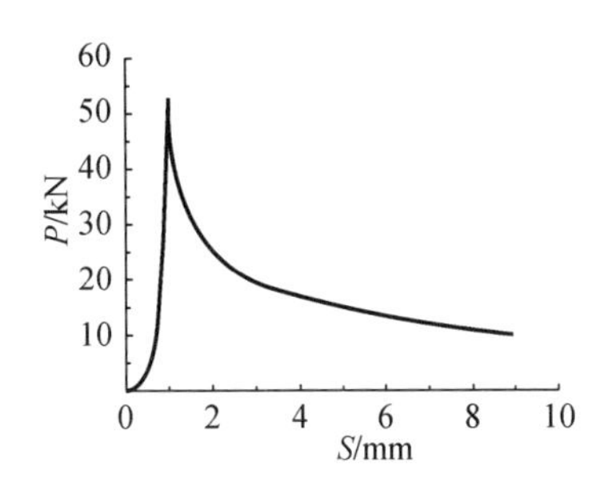

图 2.10　C8 试件的 P–S 曲线

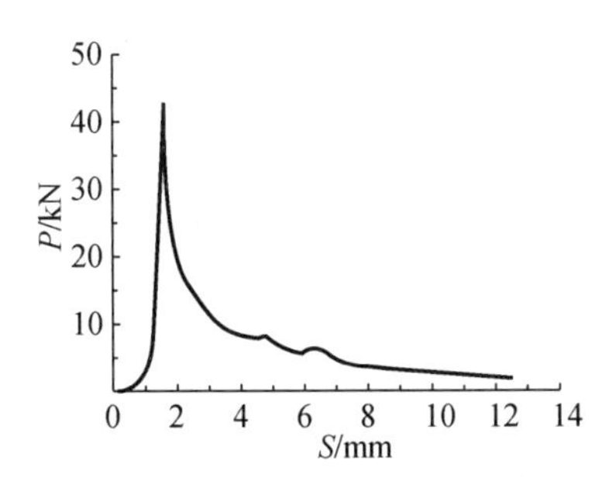

图 2.11　C9 试件的 P–S 曲线

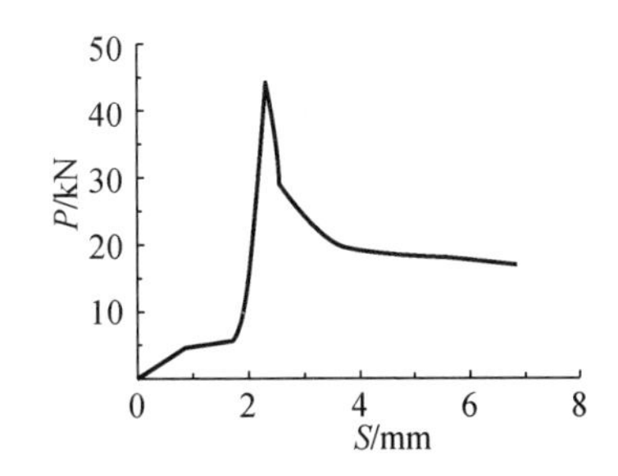

图 2.12　C10 试件的 P–S 曲线

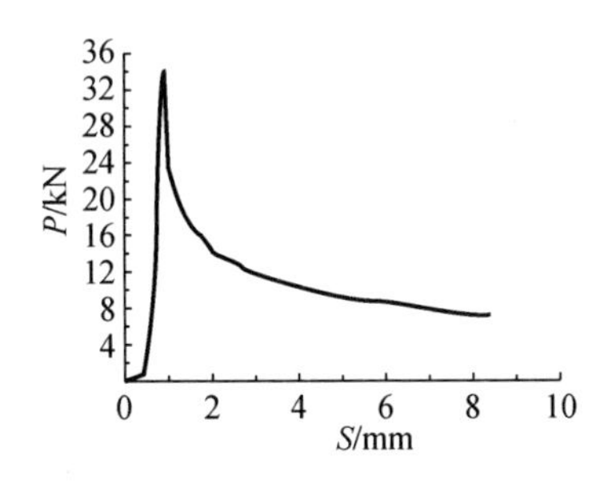

图 2.13　C11 试件的 P–S 曲线

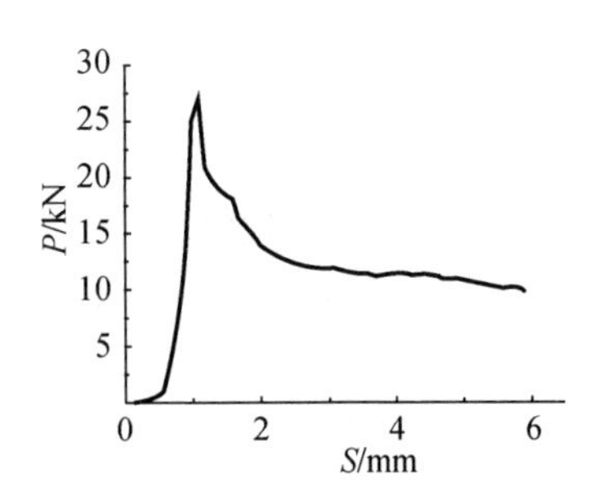

图 2.14　C12 试件的 P–S 曲线

对图 2.3～图 2.14 进行归纳分析可知，其可分为微滑移段、上升段、下降段、残余段。

微滑移段：试件受力后，随着化学胶结力的不断减小，型钢与部分包裹再生混凝土之间逐渐产生微小的相对滑移。

上升段：随着荷载的不断增大，型钢与部分包裹再生混凝土之间的相对滑移不断增大；当加载至一定的荷载值时，再生混凝土的界面层将产生微裂缝并不断发展，从而使界面黏结滑移刚度不断退化；随着荷载加载速率的不断加快，其加载端滑移的发展也逐渐加快。当荷载达到极限荷载时，型钢与部分包裹再生混凝土的界面发生剪切破坏，化学胶结力丧失。

下降段：荷载达到峰值后，滑移大幅增加；在化学胶结力丧失后，黏结力主要由机械咬合力和摩擦力构成，随着滑移的不断增加，机械咬合力逐渐减小并丧失。

残余段：随着机械咬合力基本丧失，摩擦力接近于常数，滑移也达到一定阶段，荷载不再下降，稳定在一定荷载水平，P–S 曲线接近于水平直线。

2.3.3　P–S 曲线的特征点

试验实测的加载端 P–S 曲线可以折算为平均黏结应力-滑移（τ–S）曲线，从而能够反映 τ–S 本构关系的基本特征，并可以确定各特征黏结强度值。对应于试验实测的 P–S 曲线的 4 个受力阶段，可通过定义 3 个特征点来进行描述，其典型的 P–S 曲线模型如图 2.15 所示。

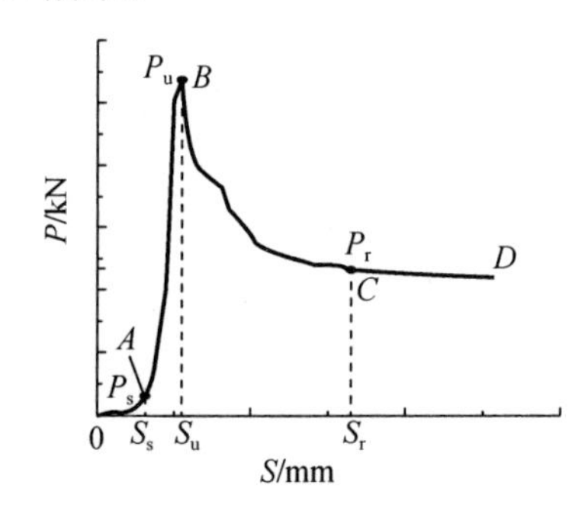

图 2.15　典型的 P–S 曲线模型

（1）3 个特征荷载值

1）微滑移荷载 P_s：化学胶结力逐渐丧失，P–S 曲线上升段的起点。

2）极限荷载 P_u：化学胶结力全部丧失，机械咬合力和摩擦力发挥主要作用，达到荷载极限。

3）残余荷载 P_r：机械咬合力全部丧失，型钢与部分包裹再生混凝土的界面趋于光滑，为 P–S 曲线下降段的终点和水平残余段的起点。

（2）3 个特征滑移值

1）微滑移值 S_s：微滑移荷载对应的滑移值。

2）极限状态滑移值 S_u：极限状态对应的滑移值。

3）残余段初始滑移值 S_r：水平残余段的起点所对应的滑移值。

试验实测的各试件 P–S 曲线的特征点数值见表 2.5。

表 2.5　试验实测的各试件 P–S 曲线的特征点数值

试件编号	P_s/kN	P_u/kN	P_r/kN	S_s/mm	S_u/ mm	S_r/ mm
C1	1.54	42.88	29.48	1.38	2.51	4.63
C2	3.39	79.35	18.87	0.76	1.73	5.25

续表

试件编号	P_s/kN	P_u/kN	P_r/kN	S_s/mm	S_u/ mm	S_r/ mm
C3	2.01	45.11	9.77	1.59	2.28	4.45
C4	8.61	109.37	23.76	0.47	1.13	2.58
C5	7.39	86.97	9.86	0.92	1.43	5.67
C6	6.92	87.42	17.61	0.69	1.31	4.19
C7	4.32	39.74	9.97	0.31	0.72	6.44
C8	5.45	53.26	14.12	0.58	0.97	5.53
C9	1.92	42.31	3.85	1.01	1.66	7.27
C10	5.25	44.19	18.78	1.73	2.32	4.12
C11	0.81	33.97	8.54	0.48	0.91	5.81
C12	1.19	26.95	11.53	0.61	1.07	4.16

2.4　黏结强度分析

2.4.1　平均黏结强度

采用平均黏结强度定义型钢与部分包裹再生混凝土界面间黏结应力的大小。平均黏结强度可按下式计算：

$$\tau=\frac{P}{A} \tag{2.1}$$

式中，τ ——型钢部分包裹再生混凝土的平均黏结强度，MPa；

P——荷载，kN；

A——型钢与部分包裹再生混凝土的接触面积，mm^2。

各试件的试验特征黏结强度见表 2.6。

表 2.6　各试件的试验特征黏结强度　　（单位：MPa）

试件编号	微滑移黏结强度 τ_s	极限黏结强度 τ_u	残余黏结强度 τ_r
C1	0.010	0.277	0.191
C2	0.022	0.513	0.122
C3	0.013	0.292	0.063
C4	0.056	0.708	0.154
C5	0.048	0.563	0.064
C6	0.045	0.566	0.114
C7	0.042	0.386	0.097
C8	0.042	0.414	0.110
C9	0.020	0.412	0.040
C10	0.043	0.343	0.150
C11	0.010	0.330	0.083
C12	0.010	0.210	0.089

2.4.2　黏结强度的主要影响因素

1. 再生粗骨料取代率对黏结强度的影响

图 2.16 为特征黏结强度与再生粗骨料取代率之间的变化关系。由表 2.6 和图 2.16 可知，τ_s、τ_u、τ_r 分别在 0.01～0.056MPa、0.277～0.708MPa、0.063～0.191MPa。由图 2.16 可见，型钢部分包裹再生混凝土试件黏结强度随再生粗骨料取代率的变化而呈现波动性。

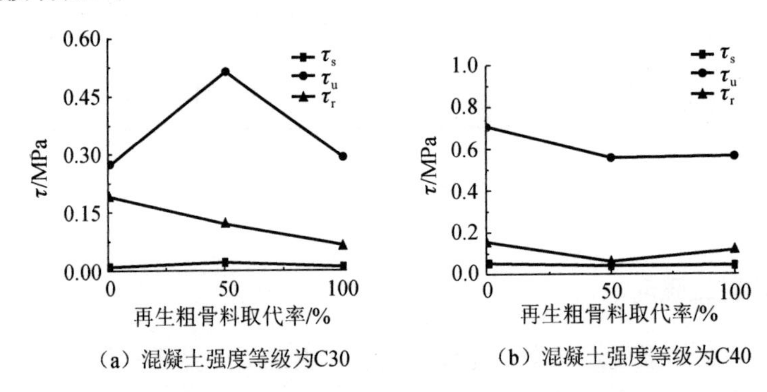

（a）混凝土强度等级为C30　　（b）混凝土强度等级为C40

图 2.16　特征黏结强度与再生粗骨料取代率之间的变化关系

2. 混凝土强度对黏结强度的影响

图 2.17 为特征黏结强度与混凝土强度等级之间的变化关系。由图 2.17 可知，在相同再生粗骨料取代率下，混凝土强度等级为 C30 的型钢部分包裹再生混凝土试件特征黏结强度 τ_s、τ_u 均小于混凝土强度等级为 C40 的试件。而对于残余黏结强度 τ_r，在再生粗骨料取代率为 0、50%情况下，混凝土强度等级为 C30 的型钢部分包裹再生混凝土试件的残余黏结强度要大于混凝土强度等级为 C40 的试件。

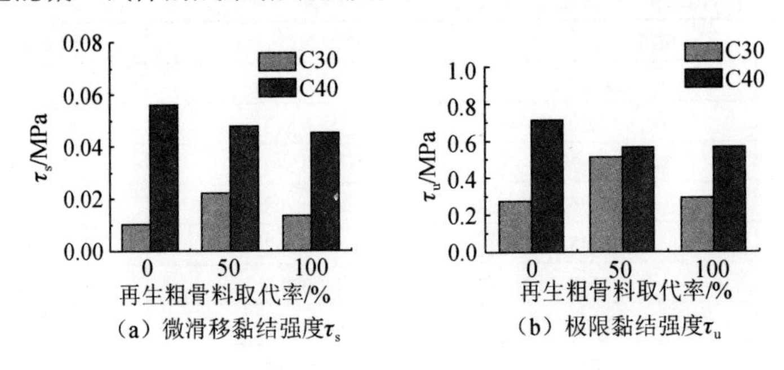

（a）微滑移黏结强度τ_s　　（b）极限黏结强度τ_u

图 2.17　特征黏结强度与混凝土强度之间的变化关系

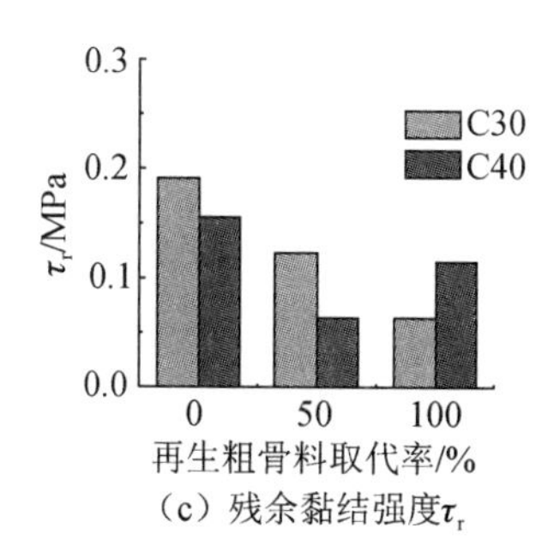

（c）残余黏结强度τ_r

图 2.17（续）

3. 界面埋入长度对黏结强度的影响

图 2.18 为特征黏结强度与界面埋入长度之间的变化关系。由图 2.18 可知，对于再生粗骨料取代率为 0 的试件，特征黏结强度 τ_s、τ_u 均随着界面埋入长度的不断增大而先增大后减小，残余黏结强度 τ_r 则随着界面埋入长度的不断增大而增大。对于再生粗骨料取代率为 50%的试件，特征黏结强度 τ_s、τ_r 均随着界面埋入长度的不断增大而先增大后减小；极限黏结强度 τ_u 则随着界面埋入长度的不断增大而先减小后增大。对于再生粗骨料取代率为 100%的试件，微滑移黏结强度 τ_s 随着界面埋入长度的不断增大而增大；极限黏结强度 τ_u 随着界面埋入长度的增大而先减小后增大；残余黏结强度 τ_r 随着界面埋入长度的增大而先增大后减小。

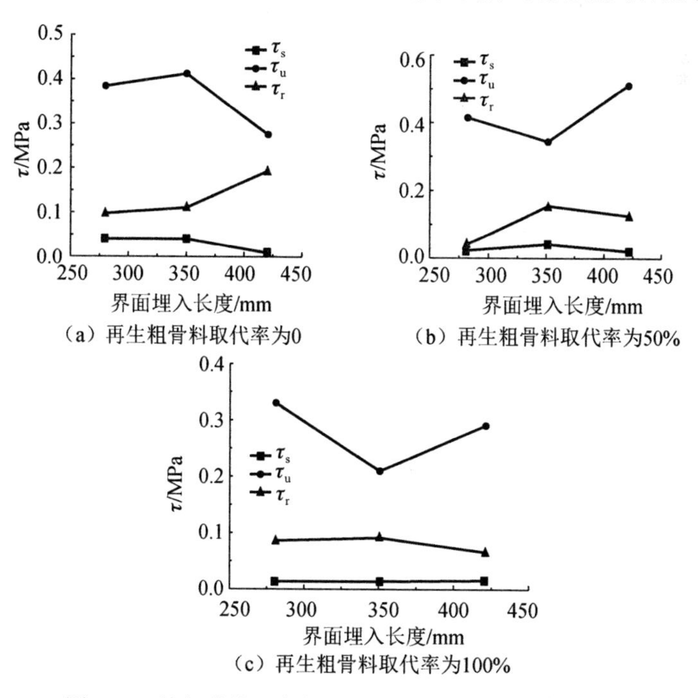

（a）再生粗骨料取代率为0
（b）再生粗骨料取代率为50%
（c）再生粗骨料取代率为100%

图 2.18　特征黏结强度与界面埋入长度之间的变化关系

2.4.3　黏结强度的回归分析

2.4.2 节分别对各种影响因素进行分析，得出了各主要影响因素对初始滑移状态、极限状态和水平残余状态的特征黏结强度 τ_s、τ_u、τ_r 的影响，本节以再生粗骨料取代率（r）、再生混凝土强度（f_{cu}）、界面埋入长度（L_e）、型钢截面高度（H）作为黏结强度的影响参数，采用试验实测黏结值作为回归统计对象，回归统计出各特征黏结强度的计算公式。

微滑移黏结强度为

$$\tau_s=\left(0.0003-0.0001r+0.00025\frac{L_e}{H}\right)f_{cu} \tag{2.2}$$

极限黏结强度为

$$\tau_u=\left(0.0041+0.0038r+0.0027\frac{L_e}{H}\right)f_{cu} \tag{2.3}$$

残余黏结强度为

$$\tau_r=\left(0.0011+0.0005r+0.0008\frac{L_e}{H}\right)f_{cu} \tag{2.4}$$

表 2.7 为特征黏结强度按统计回归公式计算结果与试验结果的对比。

表 2.7　特征黏结强度按统计回归公式计算结果与试验结果的对比

试件编号	试件主要设计参数			微滑移黏结强度 τ_s / MPa		极限黏结强度 τ_u / MPa		残余黏结强度 τ_r / MPa	
	再生混凝土强度 f_{cu}/ MPa	再生粗骨料取代率 r/%	界面埋入长度 L_e/mm	试验值	计算值	试验值	计算值	试验值	计算值
C1	46.4	0	420	0.010	0.040	0.277	0.458	0.191	0.130
C2	43.4	50	420	0.022	0.035	0.513	0.510	0.122	0.132
C3	22.4	100	420	0.013	0.016	0.292	0.305	0.063	0.073
C4	48.4	0	420	0.056	0.042	0.708	0.478	0.154	0.136
C5	45.2	50	420	0.048	0.037	0.563	0.531	0.064	0.137
C6	36.0	100	420	0.045	0.027	0.566	0.491	0.114	0.118
C7	46.4	0	280	0.042	0.032	0.386	0.369	0.097	0.105
C8	46.4	0	350	0.042	0.036	0.414	0.413	0.110	0.117
C9	43.4	50	280	0.020	0.027	0.412	0.426	0.040	0.108
C10	43.4	50	350	0.043	0.031	0.343	0.468	0.150	0.120
C11	22.4	100	280	0.010	0.012	0.330	0.262	0.083	0.061
C12	22.4	100	350	0.010	0.014	0.210	0.283	0.089	0.067

2.4.4　黏结滑移的回归分析

图 2.19～图 2. 21 为特征点黏结滑移与再生粗骨料取代率、再生混凝土强度、界面埋入长度之间的关系曲线。从图中可知，黏结滑移受再生粗骨料取代率、界

面埋入长度的影响较大，而受再生混凝土强度的影响较小。通过对各试件的试验结果进行统计回归，可得到型钢部分包裹再生混凝土结构特征点黏结滑移值计算公式为

$$S_{\mathrm{s}} = -0.3497 + 0.0066 f_{\mathrm{cu}} + 0.2971 r + 0.4472 \frac{L_{\mathrm{e}}}{H} \tag{2.5}$$

$$S_{\mathrm{u}} = -0.5035 + 0.0080 f_{\mathrm{cu}} + 0.2287 r + 0.8608 \frac{L_{\mathrm{e}}}{H} \tag{2.6}$$

$$S_{\mathrm{r}} = 7.1995 + 0.0688 f_{\mathrm{cu}} + 1.3094 r - 3.0036 \frac{L_{\mathrm{e}}}{H} \tag{2.7}$$

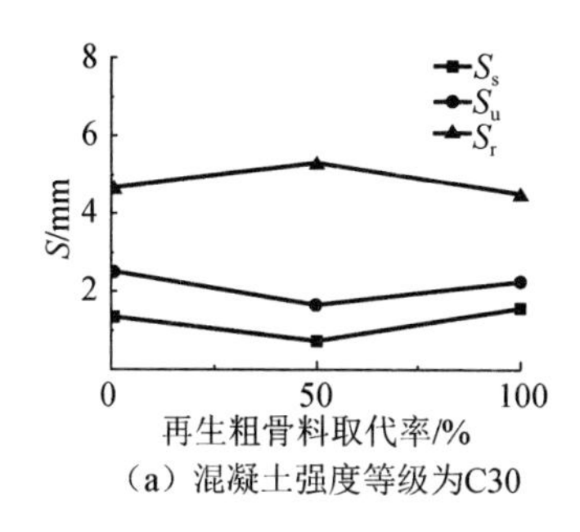

（a）混凝土强度等级为C30

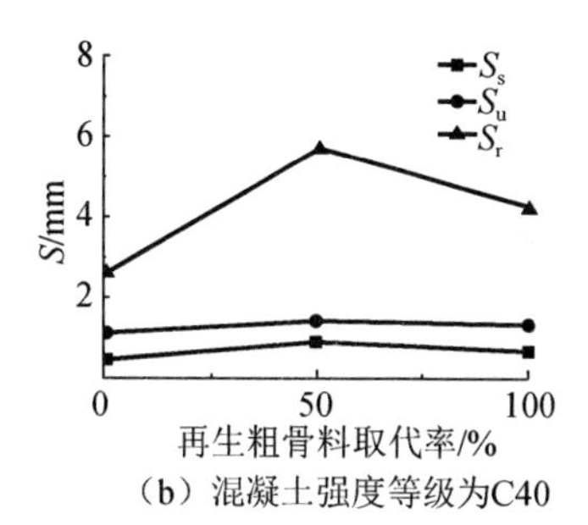

（b）混凝土强度等级为C40

图 2.19　特征点黏结滑移与再生粗骨料取代率之间的关系曲线

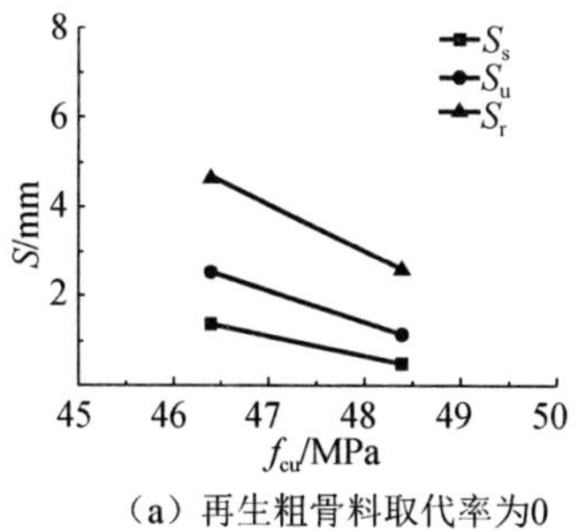

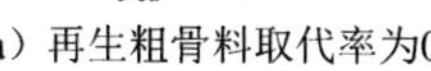
（a）再生粗骨料取代率为0

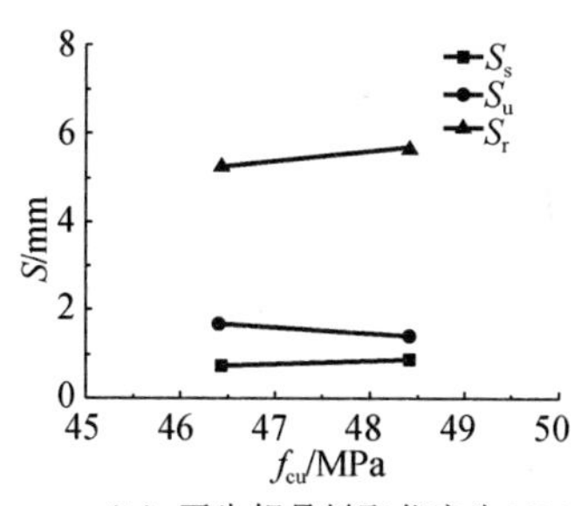

（b）再生粗骨料取代率为50%

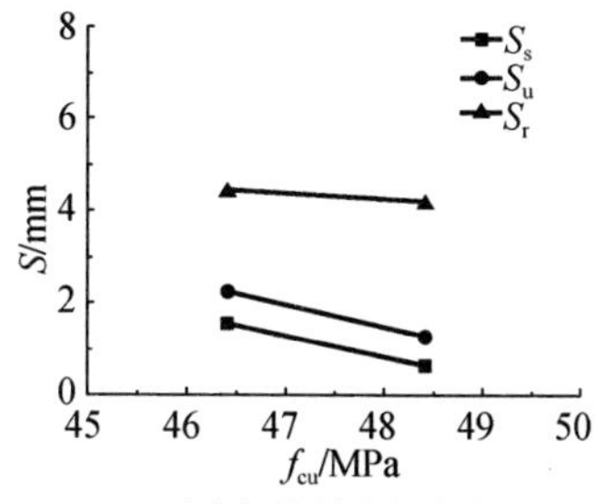

（c）再生粗骨料取代率为100%

图 2.20　特征点黏结滑移与再生混凝土强度之间的关系曲线

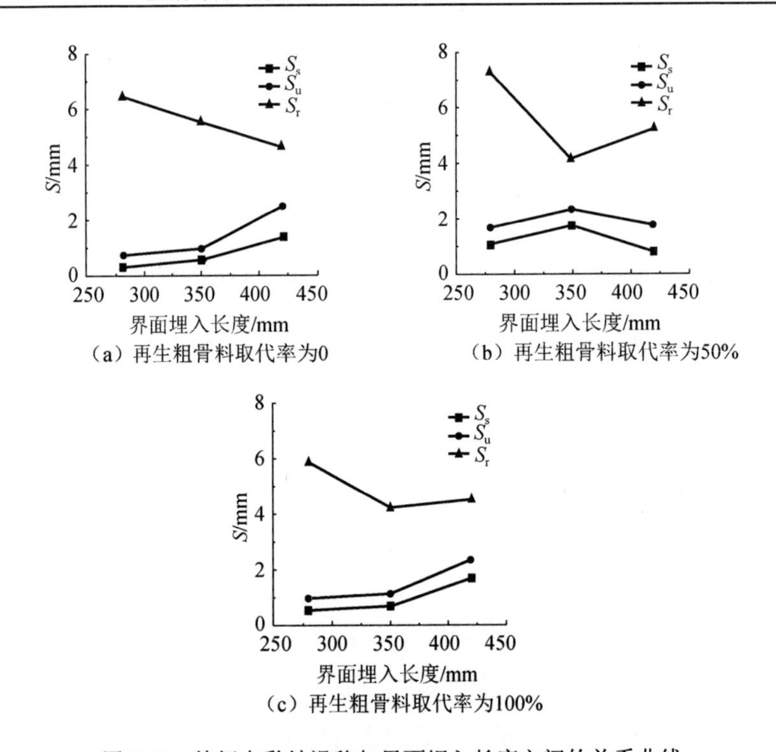

图 2.21　特征点黏结滑移与界面埋入长度之间的关系曲线

2.5　黏结滑移本构关系

显然，试件的 τ–S 曲线与试件的 P–S 曲线具有一样的形状，分为微滑移段、上升段、下降段、残余段，可用图 2.22 所示的模型来描述。

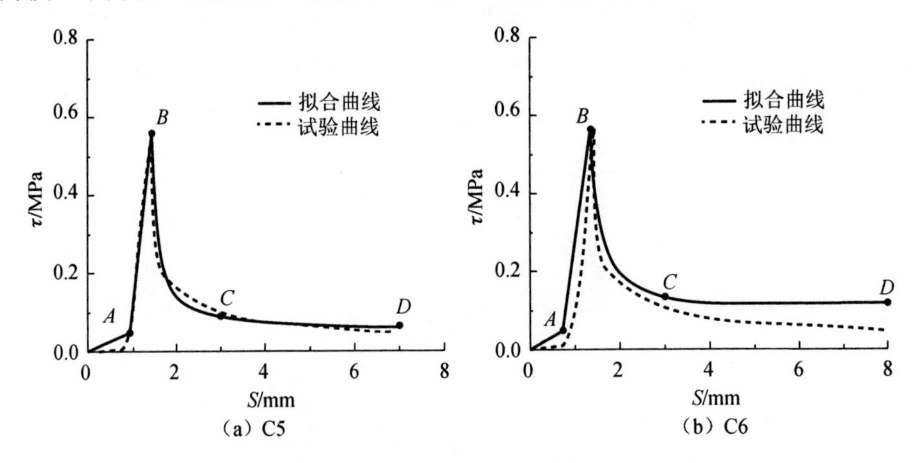

图 2.22　本构模型与试验曲线对比

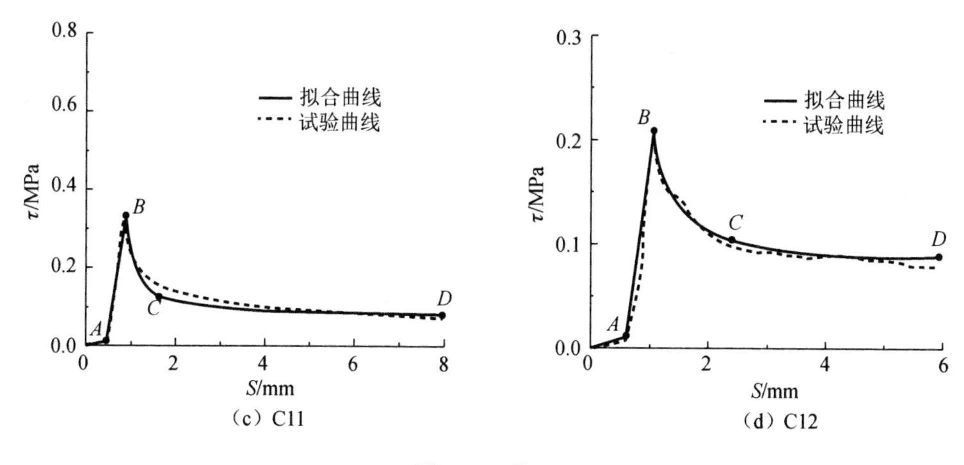

（c）C11　　（d）C12

图 2.22（续）

图 2.22 中，A、B、C、D 为黏结应力-滑移本构模型中的特征点，A 点对应 τ-S 曲线上升段的起始点，对应的黏结应力称为微滑移黏结强度，用 τ_s 表示，与 τ_s 对应的滑移用 S_s 表示；B 点对应 τ-S 曲线的峰值点，对应的黏结应力称为极限黏结强度，用 τ_u 表示，与 τ_u 对应的滑移用 S_u 表示；C 点对应曲线下降平缓段的起始点，相应的黏结应力称为残余黏结强度，用 τ_r 表示，与 τ_r 对应的滑移用 S_r 表示。特征黏结强度 τ_s、τ_u、τ_r 及特征滑移可由试验或通过计算确定，确定上述特征点坐标后，即可分段定义黏结应力-滑移本构模型的曲线方程。

1）OA 段：在此阶段，加载端发生微小滑移，可用斜直线描述，数学表达式为

$$\tau=mS,\quad 0<S\leqslant S_s \tag{2.8}$$

其中，$m=\dfrac{\tau_s}{S_s}$，τ_s 和 S_s 由试验或计算确定。

2）AB 段：在此阶段，加载端发生较大滑移，黏结应力与滑移呈线性关系增长，数学表达式为

$$\tau=n(S-S_s)+\tau_s,\quad S_s<S\leqslant S_u \tag{2.9}$$

其中，$n=\dfrac{\tau_u-\tau_s}{S_u-S_s}$，$\tau_s$、$\tau_u$ 和 S_s、S_u 由试验或计算确定。

3）BC 段：根据对试验曲线的观察和分析，BC 段可以用双曲线来描述，数学表达式为

$$\tau=\frac{S}{pS-q},\quad S_u<S\leqslant S_r \tag{2.10}$$

其中，$p=\dfrac{S_u\tau_r-S_r\tau_u}{\tau_r\tau_u(S_u-S_r)}$，$q=\dfrac{\tau_r-\tau_u}{S_u-S_r}\cdot\dfrac{S_uS_r}{\tau_r\tau_u}$，$\tau_u$、$\tau_r$ 和 S_u、S_r 由试验或计算确定。

4）*CD* 段：黏结应力与滑移关系可用一条水平直线段描述，数学表达式为

$$\tau=\tau_r,\quad S>S_r \tag{2.11}$$

其中，τ_r 和 S_r 由试验或计算确定。

图 2.22 为部分试件的黏结应力-滑移本构模型与试验曲线的对比。从图 2.22 中可看出，拟合曲线与试验曲线总体相符合，这表明本书所提出的分段式本构模型能较好地反映型钢部分包裹再生混凝土的 τ-S 关系曲线特征。

第 3 章　型钢部分包裹再生混凝土柱轴压性能研究

3.1　概　　述

型钢部分包裹再生混凝土柱是指在 H 型钢或钢板组合 H 形截面的两翼缘之间部分填充再生混凝土而成的一种新型组合构件。这种柱通过型钢的约束来克服再生混凝土强度不足的缺陷，并在施工中节省模板，且节点连接方便、施工便捷，可有效缩短工期，具有良好的应用前景。目前，国内外对型钢部分包裹再生混凝土结构的研究仍为空白，为此，本章通过试验，研究型钢部分包裹再生混凝土柱的轴压性能，分析再生混凝土强度、再生粗骨料取代率、长细比等参数对型钢部分包裹再生混凝土柱轴压工作机理及破坏模式的影响，并建立型钢部分包裹再生混凝土柱的承载力计算公式。

3.2　试 件 概 况

3.2.1　试件设计与制作

型钢部分包裹再生混凝土柱的轴压试验共设计了 12 个试件，所有试件的截面尺寸均为 150mm×150mm，试验中主要考虑再生混凝土强度、再生粗骨料取代率、长细比、是否配置扁钢等因素，研究型钢部分包裹再生混凝土柱的轴压受力性能。试件的截面形式如图 3.1 所示。

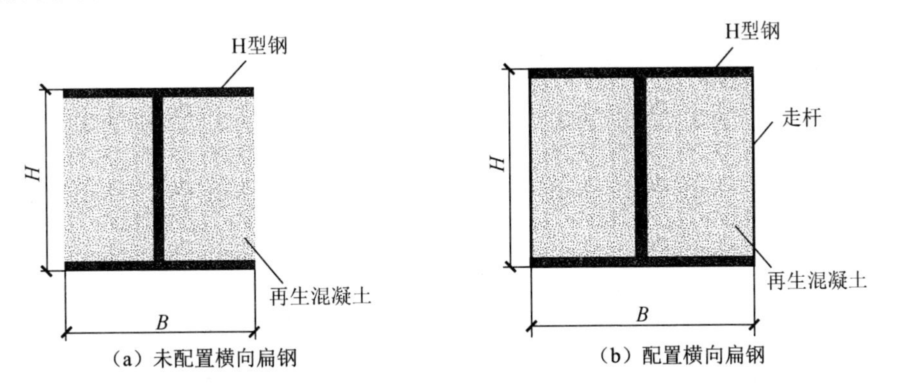

图 3.1　试件的截面形式

H—型钢截面高度；B—型钢截面宽度

试件的主要参数见表 3.1。试验所采用的型钢为高频焊接 H 型钢，其截面尺寸为 150mm×150mm×3.2mm×6mm，横向扁钢尺寸为 150mm×40mm×3mm 的钢板。

表 3.1　试件的主要参数

试件编号	再生粗骨料取代率/%	试件长度/mm	再生混凝土强度等级	是否配置横向扁钢	H 型钢截面尺寸/（mm×mm×mm×mm）
PEC-1	0	900	C30	否	150×150×3.2×6
PEC-2	50	900	C30	否	150×150×3.2×6
PEC-3	100	900	C30	否	150×150×3.2×6
PEC-4	0	1200	C30	否	150×150×3.2×6
PEC-5	50	1200	C30	否	150×150×3.2×6
PEC-6	100	1200	C30	否	150×150×3.2×6
PEC-7	0	900	C30	是	150×150×3.2×6
PEC-8	50	900	C30	是	150×150×3.2×6
PEC-9	100	900	C30	是	150×150×3.2×6
PEC-10	0	900	C40	否	150×150×3.2×6
PEC-11	50	900	C40	否	150×150×3.2×6
PEC-12	100	900	C40	否	150×150×3.2×6

注：试件长度为 900mm 和 1200mm 的长细比分别为 6 和 8。

制作试件时，首先将 H 型钢试件的底部和两侧用木模板及铁丝紧紧封住，然后现场搅拌再生混凝土，从上至下浇筑并及时振捣。将浇筑后的试件和同条件下制作的混凝土试块放置于同样的环境下养护 28 天。为了在加载时型钢和再生混凝土能够同时受力，在再生混凝土达到一定强度时用磨光机将试件上下两个表面磨平，使再生混凝土表面与 H 型钢表面处于同一个平面。同时，用磨光机将试件侧面再生混凝土打磨至和型钢翼缘表面基本在一个平面上，再将横向扁钢与型钢以 100mm 间距焊接。浇筑过程中的试件如图 3.2～图 3.4 所示。

图 3.2　浇筑再生混凝土前的翼缘立面图

图 3.3　浇筑再生混凝土后试件示意图

图 3.4　焊接扁钢后试件示意图

3.2.2　试验材料的力学性能

本次试验用的钢材强度均采用 Q235B 级，其材性试验按照《金属材料 拉伸试验 第 1 部分：室温试验方法》（GB/T 228.1—2010）的规定进行。本次试验在东华理工大学结构工程实验室 500kN 液压式拉力试验机上进行。钢材力学性能指标见表 3.2。

表 3.2　钢材力学性能指标

材料名称	屈服强度/MPa	极限强度/MPa	弹性模量/MPa	强屈比
3mm 厚扁钢	276	341	1.77×10^5	1.23
3.2mm 厚腹板	253	329	1.77×10^5	1.30
6mm 厚钢板	226	289	1.77×10^5	1.28

试验中考虑再生粗骨料取代率分别为 0、50%、100%，设计强度等级为 C30、C40 的再生混凝土所采用的水灰比分别为 0.38、0.4，其配合比见表 3.3；再生混凝土强度试验方法参照《普通混凝土力学试验方法标准》（GB/T 50081—2002），试验在广西科技大学结构工程实验室 TYE-A 系列数显式电液压力试验机（最大负荷为 2000kN）上进行。再生混凝土强度试验示意图如图 3.5 所示，试验结果见表 3.4。

表 3.3　再生混凝土设计配合比

强度等级	再生粗骨料取代率/%	材料用量/（kg/m³）				
		水泥	砂	天然粗骨料	水	再生粗骨料
C30	0	500	479	1231	190	0
	50	500	479	1231	190	615.5
	100	500	479	0	190	1231
C40	0	420	320	1303	168	0
	50	420	320	651.5	168	651.5
	100	420	320	0	168	1303

（a）试验机

（b）强度试验

（c）最终混凝土块

图 3.5　再生混凝土强度试验示意图

表 3.4　再生混凝土强度试验结果

试样组别	再生混凝土强度等级	再生粗骨料取代率/%	立方体试件尺寸/（mm×mm×mm）	立方体抗压强度/（N/mm²）
第一组	C30	0	150×150×150	46.4
第二组		50	150×150×150	43.4
第三组		100	150×150×150	22.4
第四组	C40	0	150×150×150	48.4
第五组		50	150×150×150	45.2
第六组		100	150×150×150	36.0

3.3　试验加载与测试方案

3.3.1　试验加载方案

本试验在广西科技大学结构工程实验室进行，加载装置为500t压力试验机（微机控制四柱压力试验机），应变测量采用 JM3813 多功能静态应变测试系统，如图 3.6 和图 3.7 所示。

图 3.6　加载装置

图 3.7　JM3813 多功能静态应变测试系统

试验使用单调分级连续加载的方式，在正式加载前先将试件进行对中找平，再将短柱直接放置在压力机的底板上，然后调节压力机顶板，使其与试件紧靠，并对试件进行预压，最后去除荷载再次重新开始加载。试验时应注意在加载过程中对加载速率的控制以获得荷载-变形曲线的下降段。每次在荷载到达 50kN 时记录采集数据，留存备用。加载装置示意图如图 3.8 所示。

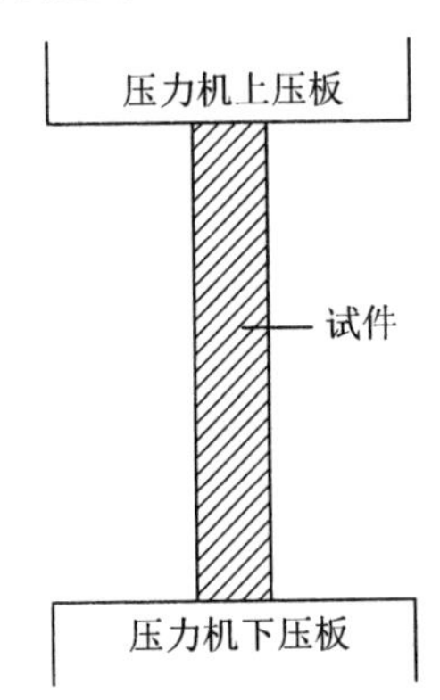

图 3.8　加载装置示意图

3.3.2　试验测试方案

为了详细研究型钢部分包裹再生混凝土短柱在轴心压力作用下整体和局部的受力性能，除了在 H 型钢构件的腹板和翼缘内侧布置一定数量的电阻应变片外，还在 H 型钢翼缘外侧和横向扁钢上均布置了一定数量的电阻应变片，其规格见表 3.5。详细的测点布置如图 3.9～图 3.11 所示。

表 3.5　电阻应变片的规格

型号	电阻值/Ω	灵敏系数	栅长×栅宽/（mm×mm）	级别
BX120-5AA	120.1×(1±0.1)%	2.05×(1±0.28)%	5×3	A

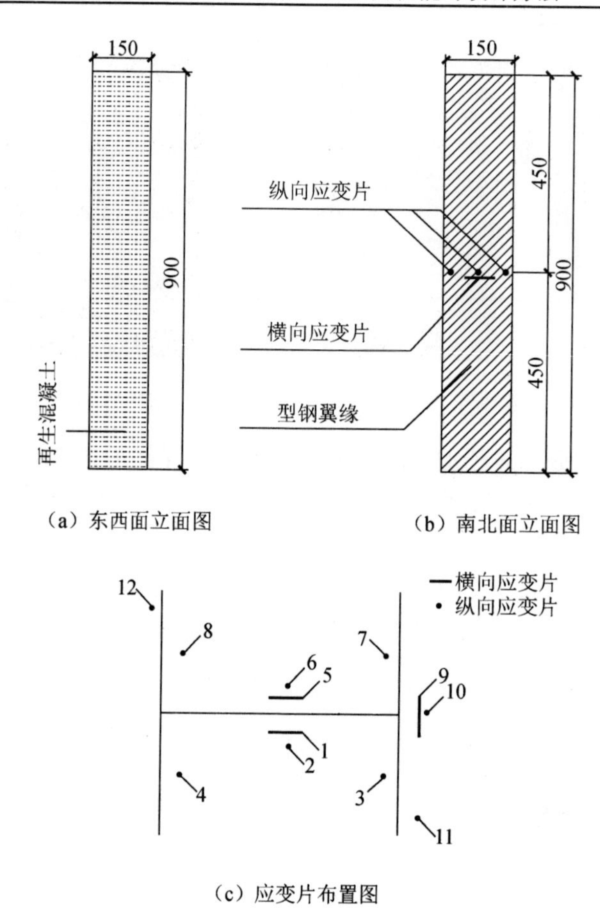

（a）东西面立面图　　（b）南北面立面图

（c）应变片布置图

图 3.9　PEC-1、PEC-2、PEC-3、PEC-10、PEC-11、PEC-12 测点布置图

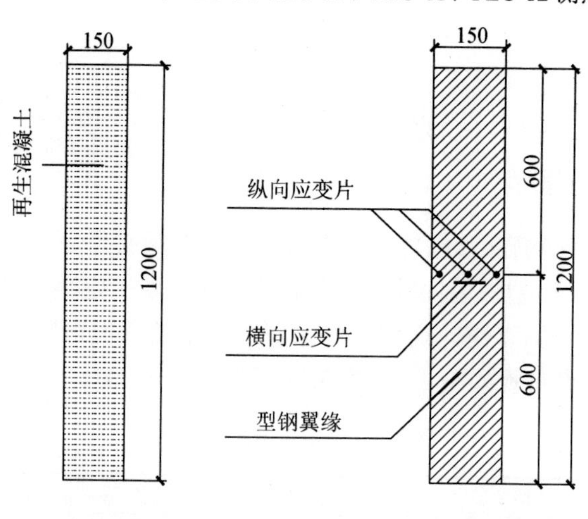

（a）东西面立面图　　（b）南北面立面图

图 3.10　PEC-4、PEC-5、PEC-6 测点布置图

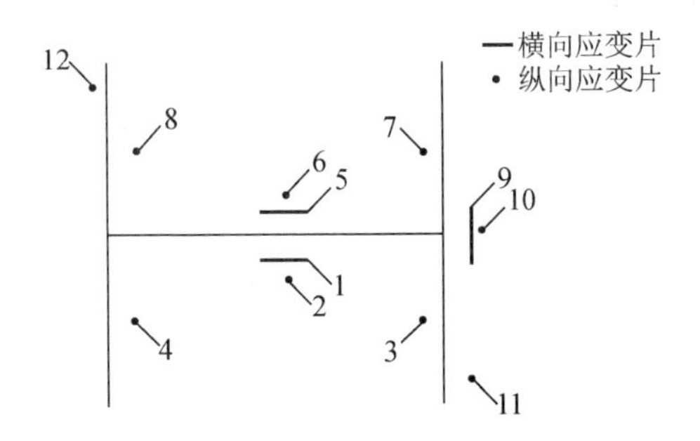

（c）应变片布置图

图 3.10（续）

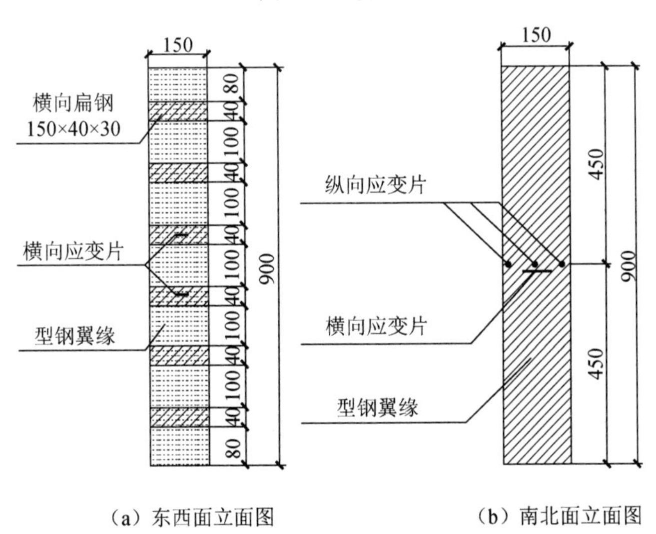

（a）东西面立面图　　　　（b）南北面立面图

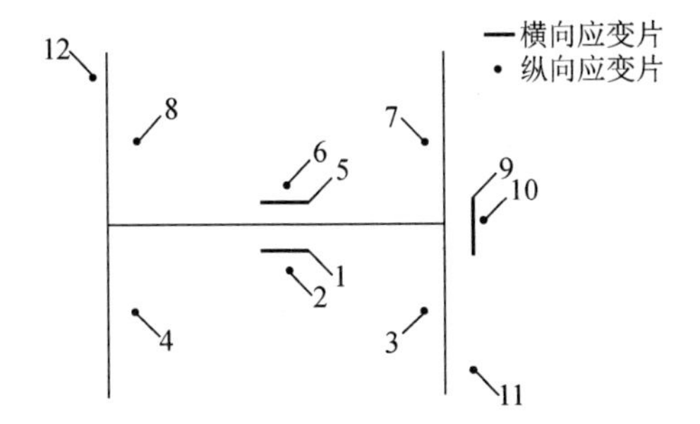

（c）应变片布置图

图 3.11　PEC-7、PEC-8、PEC-9 测点布置图

试件 PEC-1、PEC-2、PEC-3、PEC-10、PEC-11 和 PEC-12 分别在型钢腹板两侧及翼缘内外两侧（同一个截面上即短柱的中间平面处）共布置了 12 个电阻应变片，截面距离柱子底面高度为 450mm。其中，型钢腹板两侧各布置了一个横向和一个纵向的电阻应变片来量测腹板在轴心荷载作用下的平均纵向应变，共有 4 个电阻应变片；翼缘内侧中部各布置有一个纵向电阻应变片，翼缘外侧对角线方向布置有 2 个电阻应变片，且中间平面上布置了一个横向和一个纵向的电阻应变片，共有 8 个电阻应变片，如图 3.9 所示。

试件 PEC-4、PEC-5 和 PEC-6 分别在型钢腹板两侧及翼缘内外两侧（同一个截面上即短柱的中间平面处）共布置了 12 个电阻应变片，截面距离柱子底面高度为 600mm。其中，型钢腹板两侧各布置了一个横向和一个纵向的电阻应变片来量测腹板在轴心荷载作用下的平均纵向应变，共有 4 个电阻应变片；翼缘内侧中部各布置有一个纵向电阻应变片，翼缘外侧对角线方向布置有 2 个电阻应变片，且中间平面上布置了一个横向和一个纵向的电阻应变片，共有 8 个电阻应变片，如图 3.10 所示。

试件 PEC-7、PEC-8、PEC-9 分别在型钢腹板两侧及翼缘内外两侧（同一个截面上即短柱的中间平面处）共布置了 12 个电阻应变片，截面距离柱子底面高度为 450mm。其中，型钢腹板两侧各布置了一个横向和一个纵向的电阻应变片来量测腹板在轴心荷载作用下的平均纵向应变，共有 4 个电阻应变片；翼缘内侧中部各布置有一个纵向电阻应变片，翼缘外侧对角线方向布置有 2 个电阻应变片，且中间平面上布置了一个横向和一个纵向的电阻应变片，共有 8 个电阻应变片；除此之外，还在混凝土两侧的第三块、第四块扁钢上各布置了一个横向电阻应变片来测量由于混凝土膨胀作用引起的扁钢变形情况，共有 2 个电阻应变片，如图 3.11 所示。

3.4 试验现象与分析

3.4.1 试验现象及破坏特征

在正式开始压力加载试验之前，首先采用万用表测试电阻法检查各个应变片能否正常工作；然后预加荷载，将压力试验机顶板与短柱的上下钢制隔板表面压紧。在开始加载时应当控制荷载以较缓速率变化，并观察 JM3813 多功能静态应变测试系统采集到的数据是否正常。在试验进程中，设定每当压力试验机表盘增加 50kN 时，记录一次通道采集到的应变值，直到试验结束。试验完成后将记录的数据按照荷载值作为自变量，应变值作为应变量模拟出一元线性关系，并得到

一个固定值 c（c=试验应变值/试验荷载值）。据此，可以将荷载通道采集到的所有应变值除以 c 值，得出的即是试件每次采集到的应变值所对应的荷载值。为保证试验安全，当压力试验机表盘上的读数下降至峰值荷载的70%时，根据实际的破坏情况来决定是否停止试验。所有试件均按照以上步骤进行操作。

1. 试件 PEC-1

当压力达到438.8kN时，试件整体无明显现象，偶尔发出“吱吱”声。当压力达到592.7kN时，试件东面上部5cm处混凝土出现竖向细微裂缝，并延伸至10cm处。当压力达到761.3kN时，试件东面上部10cm处混凝土出现外鼓现象，并伴有小块混凝土剥落，裂缝延伸至15cm处。当压力达到867.8kN时，试件东面上部10cm处混凝土出现明显的外鼓现象，偶尔有小块混凝土剥落，20cm处混凝土与型钢翼缘相接处出现竖向细微裂缝；试件西面上部5cm处混凝土出现竖向细微裂缝，并延伸至15cm处。当压力达到980.2kN时，试件东面上部10cm处混凝土外鼓现象进一步明显，剥落现象进一步明显；试件西面上部10cm处混凝土出现明显的竖向裂缝，并延伸至20cm处。当压力达到1111.3kN时，试件东面上部15cm处混凝土裂缝增大，且外鼓现象进一步明显，裂缝延伸至25cm处；试件东西两侧上部5cm处混凝土与型钢翼缘相接处出现较大竖向裂缝，并频繁发出“吱吱”声。当压力达到1209.2kN时，试件东面上部10cm处混凝土剥落现象进一步明显；试件西面上部5cm处混凝土出现轻微剥落，10cm处混凝土裂缝进一步明显，并开始伴有小块混凝土剥落。当压力达到1127.6kN时，试件东面上部10cm处混凝土有较大面积的剥落，且混凝土脱离型钢翼缘约1cm，25cm处混凝土出现较大竖向裂缝，40cm处型钢翼缘开始出现屈曲现象；试件西面上部5cm处混凝土剥落现象进一步明显，15cm处混凝土有明显的外鼓现象，裂缝延伸至40cm处，并伴有持续的“吱吱”声。当压力达到1138.9kN时，试件东面上部10cm处混凝土剥落现象进一步明显，20cm处混凝土脱离型钢翼缘约1cm，有整块剥落的趋势，40cm处型钢翼缘出现明显的屈曲现象；试件西面上部5cm处型钢翼缘出现轻微外鼓现象，10cm处混凝土有明显的剥落现象，25cm处混凝土裂缝进一步明显。当压力达到1008.6kN时，试件东面上部区域有整块混凝土脱落，40cm处型钢翼缘屈曲现象进一步明显；试件西面下部5cm、10cm处型钢翼缘均出现明显的屈曲现象，上部20cm处有较大块混凝土剥落。当压力达到998.7kN时，试件东面上部区域混凝土脱落现象进一步明显，40cm处型钢翼缘出现严重屈曲；试件西面下部5cm、10cm处屈曲现象进一步明显，上部20cm处有大块混凝土剥落。当压力达到887.5kN时，试件整体破坏。

试件PEC-1的试验过程及破坏模式如图3.12所示。

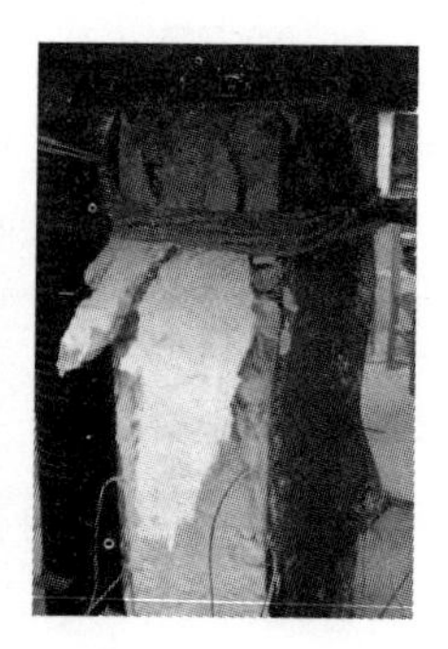

图 3.12　试件 PEC-1 的试验过程及破坏模式

2. 试件 PEC-2

当压力达到 464.3kN 时，试件整体无明显现象，偶尔发出“吱吱”声。当压力达到 483.2kN 时，试件西面上部 5cm 处混凝土出现竖向细微裂缝。当压力达到 685.8kN 时，试件东面上部 20cm 处混凝土出现竖向细微裂缝；试件西面上部 10cm 处混凝土出现明显竖向裂缝，并伴有“吱吱”声，混凝土开始剥落。当压力达到 810.2kN 时，试件东面上部 10cm 处混凝土脱离型钢约 1cm，40cm 处混凝土开始出现细微竖向裂缝；试件西面上部 15cm 处混凝土剥落现象进一步明显。当压力达到 868.4kN 时，试件东面上部 40cm 处混凝土出现外鼓现象，有明显竖向裂缝；试件西面上部 10cm 处出现较大块混凝土脱落。当压力达到 996.7kN 时，试件东面上部 40cm 处混凝土外鼓现象进一步明显，有整块脱落的趋势；试件西面上部 5cm 处型钢翼缘出现屈曲现象，10cm 处混凝土脱离型钢翼缘约 0.5cm。当压力达到 1001.2kN 时，试件东面上部混凝土整块脱落，下部 10cm 处混凝土与型钢翼缘交接处出现竖向细微裂缝；试件西面上部 5cm 处型钢有明显的屈曲现象，中部混凝土出现横向细微裂缝，并偶尔伴有小块混凝土剥落。当压力达到 987.1kN 时，试件东面上部区域混凝土频繁剥落，下部 30cm 处型钢翼缘出现屈曲现象；西面上部 5cm 处型钢翼缘屈曲现象进一步明显，中部混凝土出现明显的横向细微裂缝，同时下部 5cm 处型钢翼缘开始出现屈曲现象。当压力达到 867.7kN 时，试件东面上部区域混凝土剥落现象进一步明显，下部 30cm 处型钢翼缘有明显的屈曲现象；西面上部 5cm 处混凝土出现较大面积的破坏，裂缝延伸至 20cm 处，中部混凝土出现横向断裂，下部 5cm 处型钢翼缘出现明显的屈曲现象；东西两侧均有小块混凝土持续剥落。当压力达到 721.9kN 时，试件东面上部区域混凝土大面积脱落且严重破坏，下部 30cm 处混凝土出现明显的横向裂缝，型钢翼缘屈曲现象进一步明显；西面上部 5cm 处混凝土脱离型钢翼缘约 3cm，下部 5cm 处型钢翼缘屈曲现象进一步明显。当压力达到 685.9kN 时，试件整体破坏，约呈“C”形。

试件 PEC-2 的试验过程及破坏模式如图 3.13 所示。

图 3.13　试件 PEC-2 的试验过程及破坏模式

3. 试件 PEC-3

当压力达到 448.3kN 时，试件整体无明显现象，偶尔发出“吱吱”声。当压力达到557.6kN时，试件东面上部5cm处混凝土出现竖向细微裂缝，并延伸至10cm处。当压力达到 611.4kN 时，试件东面上部 10cm 处混凝土裂缝增大；试件西面上部 5cm 处混凝土出现竖向细微裂缝，同时发出“吱吱”声。当压力达到 717.6kN 时，试件东面上部 10cm 处混凝土有明显竖向裂缝，并延伸至 15cm 处；试件西面上部 5cm 处混凝土出现外鼓现象，10cm 处混凝土出现明显的竖向裂缝；试件东西两侧偶尔有小块混凝土剥落。当压力达到 818.4kN 时，试件东面上部 10cm 处混凝土竖向裂缝进一步明显；试件西面上部 5cm 处混凝土外鼓现象进一步明显，并发出“吱吱”声。当压力达到 904.6kN 时，试件东面上部 10cm 处混凝土出现多条竖向裂缝，并有小块混凝土剥落；试件西面上部 5cm 处较大块混凝土脱落，竖向裂缝延伸至 15cm 处；试件东西两侧混凝土频繁地出现剥落现象。当压力达到 1001.2kN 时，试件东面上部 5cm 处混凝土出现较大面积剥落，10cm 处混凝土与型钢翼缘交接处出现竖向细微裂缝，并发出“吱吱”声；试件西面上部 5cm 处型钢翼缘开始出现屈曲现象，混凝土脱离型钢翼缘约 1cm，10cm 处混凝土出现严重外鼓现象，有脱落趋势。当压力达到 1052.7kN 时，试件东面上、下部 5cm 处型钢翼缘均出现屈曲现象，15cm 处混凝土有明显竖向裂缝；试件西面上部 30cm 处型钢翼缘出现屈曲现象，中部出现横向的细微裂缝，同时混凝土出现持续性剥落，并伴有“吱吱”声。当压力达到 852.4kN 时，试件东面上、下部 5cm 处型钢翼缘均有明显的屈曲现象，上部 10cm 处混凝土有较大块剥落，混凝土脱离型钢翼缘约 1cm，15cm 处混凝土竖向裂缝进一步明显，中部出现横向的细微裂缝；试件西面上部 5cm 处混凝土出现整块剥落，裂缝延伸至 20cm 处，中部混凝土有明显的横向裂缝，型钢翼缘出现屈曲现象；东西两侧均有小块混凝土持续剥落并频繁发出“吱吱”声。当压力达到 756.9kN 时，试件东面上、下部 5cm 处型钢翼缘屈曲现象进一步明显，混凝土脱离型钢翼缘约 2cm，中部混凝土出现明显的横向裂缝；试件西面上部 5cm 处混凝土出现大面积破坏，中部混凝土出现横向断裂，并有较大面积剥落，同时型钢翼缘发生严重屈曲；试件东西两侧偶尔有较大块混凝土剥落。当压力达到 700.9kN 时，试件整体破坏，约呈“C”形。

试件 PEC-3 的试验过程及破坏模式如图 3.14 所示。

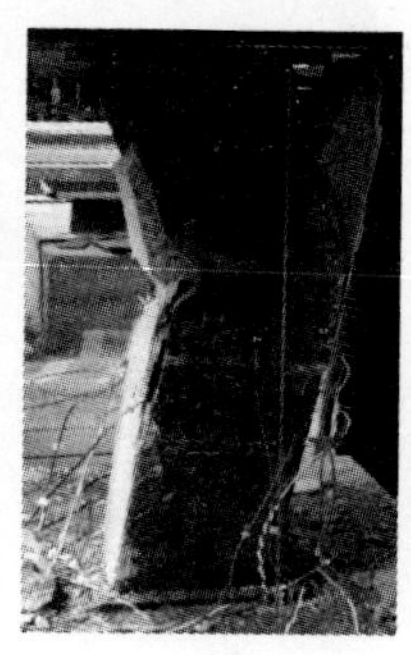
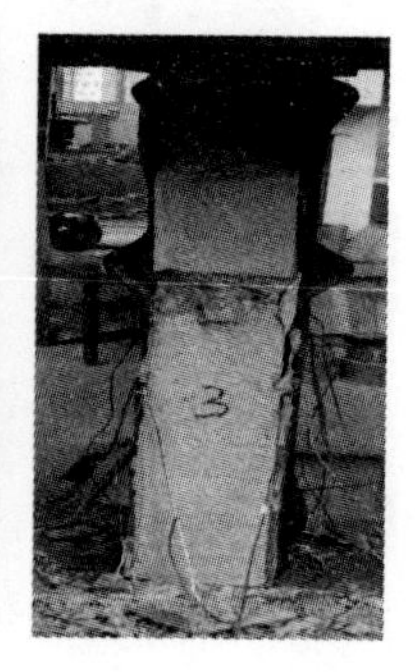

图 3.14　试件 PEC-3 的试验过程及破坏模式

4. 试件 PEC-4

当压力达到 364.3kN 时，试件整体无明显现象，偶尔发出“吱吱”声。当压力达到549.6kN时，试件西面上部5cm处混凝土出现竖向细微裂缝，并延伸至10cm处。当压力达到 646.4kN 时，试件东面上、下部 5cm 处混凝土均出现竖向细微裂缝；试件西面上部 10cm 处混凝土裂缝增大，偶尔有小块混凝土剥落，同时发出“吱吱”声。当压力达到 713.6kN 时，试件东面上部 5cm 处混凝土有明显竖向裂缝，并延伸至 10cm 处，下部 5cm 处有小块混凝土剥落；试件西面上部 10cm 处混凝土出现外鼓现象并逐渐明显，同时伴有小块混凝土剥落。当压力达到 875.5kN 时，试件东面上部 10cm 处混凝土竖向裂缝进一步明显，并延伸至 20cm 处，同时混凝土出现明显的外鼓现象，有小块混凝土频繁剥落；试件西面上部 10cm 处混凝土剥落现象进一步明显，有较大块剥落的趋势。当压力达到 924.6kN 时，试件东面上部 15cm 处混凝土出现多条竖向裂缝，并有小块混凝土剥落，混凝土外鼓现象进一步明显；试件西面上部 5cm 处有较大块混凝土脱落，竖向裂缝延伸至 15cm 处；试件东西两侧频繁出现小块混凝土剥落现象。当压力达到 1015.3kN 时，试件东面上部 10cm 处混凝土与型钢翼缘交接处出现明显的竖向裂缝，20cm 处混凝土出现较大面积剥落，并发出“吱吱”声；试件西面下部 5cm 处混凝土出现细微竖向裂缝。当压力达到 1007.2kN 时，试件东面上部 20cm 处混凝土出现大面积剥落，并持续有小块混凝土剥落，中部型钢翼缘出现屈曲现象；试件西面上部 5cm 处型钢翼缘出现屈曲现象，20cm 处混凝土剥落现象进一步明显，中部出现横向细微裂缝，下部 5cm 处混凝土出现竖向细微裂缝。当压力达到 861.4kN 时，试件东面上部 20cm 处混凝土剥落现象进一步明显，中部型钢翼缘出现明显的屈曲现象，下部 5cm 处有竖向细微裂缝；试件西面上部 5cm 处型钢翼缘有明显的屈曲现象，中部混凝土有明显的横向裂缝，下部 5cm 处混凝土出现明显的竖向裂缝；东西两侧均有小块混凝土持续剥落并频繁发出“吱吱”声。当压力达到 809.5kN 时，试件东面中部型钢翼缘屈曲现象进一步明显，下部 5cm 处混凝土出现明显的竖向裂缝；试件西面上部 5cm 处型钢翼缘屈曲现象进一步明显，中部混凝土横向裂缝进一步增大，下部 5cm 处混凝土竖向裂缝进一步明显；东西两侧下部 5cm 处均有小块混凝土剥落，并伴有“吱吱”声。当压力达到 740.9kN 时，试件出现整体破坏。

试件 PEC-4 的试验过程及破坏模式如图 3.15 所示。

图 3.15　试件 PEC-4 的试验过程及破坏模式

5. 试件 PEC-5

当压力达到 304.6kN 时，试件整体无明显现象，偶尔发出“吱吱”声。当压力达到404.3kN时，试件西面上部5cm处混凝土出现竖向细微裂缝，并延伸至10cm处，偶尔伴有“吱吱”声。当压力达到 481.0kN 时，试件西面上部 10cm 处混凝土裂缝增大，并向下延伸至 15cm 处，同时发出“吱吱”声。当压力达到 660.6kN 时，试件西面上部 5cm 处混凝土竖向裂缝进一步增大，偶尔伴有少量混凝土剥落，10cm 处混凝土出现明显的裂缝，并延伸至 25cm 处。当压力达到 961.5kN 时，试件东面上部 5cm 处混凝土出现竖向细微裂缝，并延伸至 10cm 处，混凝土向外脱离型钢翼缘约 0.5cm；试件西面上部 10cm 处混凝土向外脱离型钢翼缘约 1cm，裂缝进一步明显，并有少量混凝土剥落。当压力达到 1002.5kN 时，试件东面上部 5cm 处混凝土出现外鼓现象，10cm 处混凝土出现明显的竖向裂缝，混凝土向外脱离型钢翼缘约 1cm；试件西面上部 10cm 处有较大块混凝土脱落；试件东西两侧频繁出现小块混凝土剥落现象。当压力达到 943.5kN 时，试件东面上部 5cm 处型钢翼缘出现屈曲现象，10cm 处混凝土竖向裂缝进一步明显，并频繁发出“吱吱”声；试件西面上部 10cm 混凝土剥落现象进一步明显，中部型钢翼缘出现屈曲现象，下部 5cm 处混凝土出现细微竖向裂缝。当压力达到 846.8kN 时，试件东面上部 5cm 处型钢翼缘出现明显的屈曲现象，中部混凝土出现横向细微裂缝，并持续有小块混凝土剥落；试件西面中部型钢翼缘出现明显的屈曲现象，下部 5cm 处混凝土出现明显的竖向裂缝。当压力达到 812.4kN 时，试件东面上部 5cm 处型钢翼缘屈曲现象进一步明显，中部混凝土出现明显的横向裂缝；试件西面上部 10cm 处混凝土剥落现象进一步明显，中部型钢翼缘屈曲现象进一步明显，下部 5cm 处混凝土竖向裂缝进一步增大；东西两侧均有小块混凝土持续剥落并频繁发出“吱吱”声。当压力达到 752.5kN 时，试件东面上部 5cm 处型钢翼缘出现严重屈曲现象，混凝土出现较大面积剥落，中部混凝土横向裂缝进一步明显，下部 5cm 处型钢翼缘出现轻微屈曲；试件西面上部 5cm 处混凝土出现较大面积剥落，中部型钢翼缘屈曲现象进一步明显，下部 5cm 处混凝土竖向裂缝进一步明显。

试件 PEC-5 的试验过程及破坏模式如图 3.16 所示。

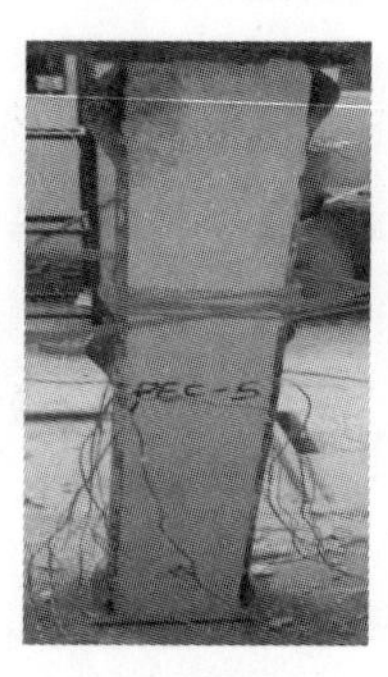
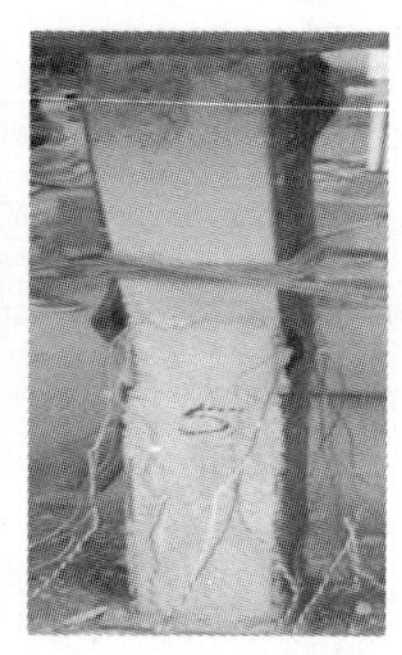

图 3.16 试件 PEC-5 的试验过程及破坏模式

6. 试件 PEC-6

当压力达到 404.6kN 时，试件整体无明显现象，偶尔发出“吱吱”声。当压力达到563.8kN时，试件东面上部5cm处混凝土出现竖向细微裂缝，并延伸至10cm处，偶尔伴有“吱吱”声。当压力达到 685.6kN 时，试件东面上部 5cm 处混凝土出现外鼓现象，10cm 处混凝土脱离型钢翼缘约 0.5cm，裂缝向下延伸至 15cm 处；试件西面下部 5cm 处混凝土出现竖向细微裂缝，并向上延伸至 10cm 处，同时发出“吱吱”声。当压力达到 808.6kN 时，试件东面上部 5cm 处混凝土外鼓现象进一步明显，偶尔伴有少量混凝土剥落，10cm 处混凝土出现明显的裂缝现象，混凝土脱离型钢翼缘约 1cm；试件西面下部 5cm 处混凝土出现多条明显的竖向裂缝，随时有剥落的趋势，混凝土脱离型钢翼缘约 0.5cm。当压力达到 951.6kN 时，试件东面上部、西面下部 5cm 处均有较小面积混凝土剥落；试件东面上部 10cm 处混凝土向外脱离型钢翼缘约 1.5cm，下部 20cm 处混凝土出现横向细微裂缝，40cm 处型钢翼缘出现轻微屈曲现象；试件西面上部 10cm 处混凝土出现一道横向细微裂缝，30cm 处混凝土出现两道横向细微裂缝，下部 10cm 处混凝土向外脱离型钢翼缘约 1cm，30cm 处混凝土出现细微的斜向下裂缝。当压力达到 1002.5kN 时，试件东面上部 5cm 处混凝土剥落现象进一步明显，下部 20cm 处混凝土出现明显的横向裂缝，40cm 处型钢翼缘屈曲现象进一步明显；试件西面上部 10cm 处混凝土出现一道明显的横向裂缝，30cm 处混凝土出现两道明显的横向裂缝，下部 5cm 处有较大块混凝土脱落，5cm、10cm、30cm 处型钢翼缘均开始出现屈曲现象，30cm 处混凝土出现明显的斜向下裂缝。当压力达到 1114.5kN 时，试件东面下部 20cm

处混凝土横向裂缝进一步明显，并频繁发出“吱吱”声；试件西面上部 10cm、30cm 处混凝土横向裂缝进一步明显，下部 5cm、10cm 和 30cm 处型钢翼缘出现明显的屈曲现象，30cm 处混凝土出现明显的斜向下裂缝。当压力达到 946.8kN 时，试件东面上部 5cm 处混凝土出现较大面积剥落，下部 20cm 处混凝土出现横向断裂；试件西面下部 5cm、10cm 和 30cm 处型钢翼缘屈曲现象进一步明显，30cm 处混凝土出现斜向下断裂现象；东西两侧均有小块混凝土持续剥落，并持续发出“吱吱”声。当压力达到 836.5kN 时，试件东面上部 5cm 处混凝土出现较大面积破坏，并脱离型钢翼缘约 3cm，下部 5cm 处混凝土出现轻微剥落现象，20cm 处混凝土横向断裂现象进一步明显，40cm 处型钢翼缘屈曲现象进一步明显；试件西面上部 10cm、30cm 处混凝土横向裂缝进一步明显，下部 30cm 处混凝土斜向下断裂现象进一步明显。当压力达到 774.8kN 时，试件整体破坏，型钢下部 30cm 处有明显弯折。

试件 PEC-6 的试验过程及破坏模式如图 3.17 所示。

图 3.17　试件 PEC-6 的试验过程及破坏模式

7. 试件 PEC-7

当压力达到 290.6kN 时，试件西面上部 5cm 处混凝土出现竖向细微裂缝，并延伸至 8cm 处，偶尔伴有“吱吱”声。当压力达到 421.6kN 时，试件东面上部 5cm 处混凝土出现竖向细微裂缝；试件西面上部 5cm 处混凝土竖向裂缝增大，并出现多条竖向细微裂缝，上部第一、二块扁钢之间混凝土出现轻微外鼓现象。当压力达到 648.7kN 时，试件东面上部 5cm 处混凝土出现明显的竖向裂缝，同时出现外鼓现象；试件西面上部 5cm 处混凝土竖向裂缝进一步增大，上部第一、二块扁钢之间混凝土开始出现轻微剥落现象，并伴有“吱吱”声。当压力达到 791.5kN 时，试件东面上部 5cm 处混凝土出现多条明显的竖向裂缝，并有明显的外鼓现象；试件西面上部第一、二块扁钢之间混凝土有明显的剥落现象，型钢翼缘开始出现屈曲现象。当压力达到 982.8kN 时，试件东面上部 5cm 处混凝土竖向裂缝和外鼓现象均进一步明显，型钢翼缘开始出现屈曲现象，并有小块混凝土剥落；试件西面上部第一、二块扁钢之间混凝土剥落现象进一步明显，型钢翼缘出现明显的屈曲现象，第二、三块扁钢之间混凝土出现细微裂缝，并频繁发出“吱吱”声。当压力达到 1004.9kN 时，试件东面上部 5cm 处出现较大块混凝土剥落，型钢翼缘屈曲现象和混凝土外鼓现象进一步明显，第一块扁钢出现外鼓现象；试件西面上部第一、二块扁钢之间有较大块混凝土剥落，型钢翼缘屈曲现象进一步明显，第二、三块扁钢之间混凝土有明显的裂缝。当压力达到 1178.6kN 时，试件东面上部 5cm 处混凝土出现大块混凝土外鼓现象，随时有整块剥落趋势，第一块扁钢外鼓现象进一步明显，有折断趋势；试件西面第一块扁钢出现外鼓现象，第一、二块扁钢之间混凝土剥落现象进一步明显，第二、三块扁钢之间混凝土有明显的外鼓现象，并偶尔伴有小块混凝土剥落。当压力达到 1213.3kN 时，试件东面第一块扁钢左侧折断，并伴有大块混凝土剥落，型钢翼缘屈曲现象进一步明显，下部 5cm 处混凝土出现细微竖向裂缝；试件西面上部 5cm 处混凝土出现明显的竖向裂缝，第一块扁钢外鼓现象进一步明显，随时有折断趋势，第一、二块扁钢之间有较大面积混凝土剥落，型钢翼缘屈曲现象进一步明显，第二、三块扁钢之间混凝土外鼓现象进一步明显。当压力达到 1145.7kN 时，试件东面上部 5cm 处混凝土剥落现象进一步明显，型钢翼缘屈曲现象进一步明显，第一、二块扁钢之间有小块混凝土剥落，下部 5cm 处混凝土出现明显的竖向裂缝，并向上延伸至 8cm 处；试件西面上部 5cm 处混凝土竖向裂缝进一步明显，第一块扁钢右侧折断，第一、二块扁钢之间混凝土剥落现象进一步明显，第二、三块扁钢之间出现小块混凝土剥落。当压力达到 1007.8kN 时，试件东面上部 5cm 处有小块混凝土持续剥落，下部 5cm 处混凝土竖向裂缝进一步明显，并偶尔伴有小块混凝土剥落；试件西面第二、三块扁钢之间混凝土剥落现象进一步明显，型钢翼缘开始出现屈曲现象。当压力达到 867.4kN，试件东面上部 5cm 处混凝土严重破坏，型钢翼缘有明显的屈曲现象，下部 5cm 处混凝土竖向裂缝进一步明显；试件西面第一、二块扁钢之间混凝土严重破坏，第二、三块扁钢之间型钢翼缘有明显的屈曲现象。

试件 PEC-7 的试验过程及破坏模式如图 3.18 所示。

图 3.18　试件 PEC-7 的试验过程及破坏模式

8. 试件 PEC-8

当压力达到 416.2kN 时，试件西面上部 5cm 处混凝土出现横向细微裂缝，偶尔发出“吱吱”声。当压力达到 528.6kN 时，试件东西两侧上部 5cm 处混凝土出现细微竖向裂缝；试件西面上部 5cm 处混凝土出现明显的横向裂缝，并伴有间断性“吱吱”声。当压力达到 644.7kN 时，试件东西两侧上部 5cm 处混凝土竖向裂缝增大；试件西面上部 5cm 处混凝土脱离型钢约 0.5cm，混凝土横向裂缝进一步明显。当压力达到 781.2kN 时，试件东西两侧上部 5cm 处混凝土均有明显的竖向裂缝；试件西面上部 5cm 处混凝土脱离型钢约 1cm。当压力达到 930.8kN 时，试件东西两侧上部 5cm 处混凝土出现轻微外鼓现象，有剥落的趋势。当压力达到 1022.8kN 时，试件东面上部 5cm 处混凝土有明显的外鼓现象；试件西面上部 5cm 处有小块混凝土剥落，同时伴有间断性“吱吱”声。当压力达到 1164.6kN 时，试件东面上部 5cm 处混凝土出现多条裂缝，偶尔有小块混凝土剥落；试件西面上部 5cm 处混凝土脱离型钢约 2cm，上部第一块扁钢有轻微外鼓现象。当压力达到 1282.8kN 时，试件东面上部 5cm 处有小块混凝土剥落，裂缝条数增多，混凝土出现轻微外鼓现象；试件西面上部 5cm 处型钢开始出现屈曲现象，混凝土剥落现象进一步明显。当压力达到 1114.5kN 时，试件东面上部 5cm 处混凝土有明显的剥落现象，第一块扁钢出现轻微的外鼓现象，第一、二块扁钢之间型钢翼缘开始出现屈曲现象；试件东西两侧上部 5cm 处均有小块混凝土持续剥落，第一块扁钢有明显的外鼓现象。当压力达到 1250.5kN 时，试件东面上部 5cm 处混凝土剥落现象进一步明显，第一块扁钢有明显的外鼓现象，第一、二块扁钢之间型钢翼缘有明显的屈曲现象；试件西面上部 5cm 处混凝土剥落现象进一步明显，型钢翼缘有明显的屈曲现象，第一块扁钢外鼓现象进一步明显，有折断的趋势，第一、二块扁钢之间混凝土出现横向细微裂缝。当压力达到 1116.7kN 时，试件东面上部第一块扁钢外鼓现象进一步明显，有折断的趋势，第一、二块扁钢之间型钢翼缘屈曲现象进一步明显，混凝土剥落现象进一步明显；试件西面上部第一块扁钢左侧折断，第一、二块扁钢之间混凝土有明显的横向裂缝，5cm 处型钢翼缘屈曲现象进一步明显。当压力达到 1007.7kN 时，试件东面上部第一块扁钢左侧折断，并有大块混凝土整体脱落，第一、二块扁钢之间型钢翼缘出现严重屈曲；试件西面上部 5cm 处型钢有严重屈曲现象，同时混凝土严重破坏，第一、二块扁钢之间混凝土横向裂缝进一步明显。当压力达到 877.3kN 时，试件东面上部混凝土出现大面积破坏，第一、二块扁钢之间型钢翼缘屈曲现象进一步明显；试件西面上部 5cm 处混凝土剥落现象进一步明显，5cm 处型钢翼缘屈曲现象进一步明显。

试件 PEC-8 的试验过程及破坏模式如图 3.19 所示。

图 3.19 试件 PEC-8 的试验过程及破坏模式

9. 试件 PEC-9

当压力达到 308.9kN 时，试件西面上部 5cm 处混凝土出现竖向细微裂缝，偶尔发出“吱吱”声。当压力达到 383.6kN 时，试件西面上部 5cm 处混凝土出现明显的竖向裂缝，并伴有间断性“吱吱”声。当压力达到 515.3kN 时，试件西面上部 5cm 处混凝土竖向裂缝进一步明显，偶尔伴有小块混凝土剥落。当压力达到 721.8kN 时，试件西面上部 5cm 处混凝土脱离型钢约 0.5cm，并有继续脱离的趋势。当压力达到 869.3kN 时，试件西面上部 5cm 处混凝土裂缝进一步增大，混凝土有大块剥落的趋势，上部第二块扁钢有轻微外鼓现象。当压力达到 1017.5kN 时，试件西面上部 5cm 处混凝土出现较大面积剥落，混凝土脱离型钢翼缘约 1cm，同时伴有间断性“吱吱”声。当压力达到 1115.9kN 时，试件东面上部 5cm 处混凝土出现竖向细微裂缝；试件西面上部 5cm 处混凝土裂缝进一步明显，并有小块混凝土频繁剥落，上部第二块扁钢有明显的外鼓现象。当压力达到 1260.7kN 时，试件东面上部 5cm 处混凝土出现数条细微裂缝；试件西面上部 5cm 处混凝土出现较大面积的整体剥落，上部第二块扁钢外鼓现象进一步明显，有折断的趋势，同时有小块混凝土持续剥落。当压力达到 1276.2kN 时，试件东面上部 5cm 处混凝土有明显的裂缝，混凝土脱离型钢翼缘约 1.5cm，上部第一块扁钢出现轻微外鼓现象；试件西面上部 5cm 处混凝土剥落现象进一步明显，第一、二块扁钢之间型钢翼缘开始出现屈曲。当压力达到 1208.7kN 时，试件东面上部 5cm 处混凝土裂缝进一步明显，型钢翼缘开始出现屈曲，混凝土脱离型钢翼缘约 2cm，上部第一块扁钢出现明显的外鼓现象，有折断的趋势，下部 5cm 处混凝土出现细微裂缝；试件西面上部第一、二块扁钢之间型钢翼缘有明显的屈曲现象，上部第二块扁钢左侧断裂，同时伴有大块混凝土剥落。当压力达到 1007.4kN 时，试件东面上部 5cm 处型钢翼缘有明显的屈曲现象，混凝土脱离型钢约 2.5cm，上部第一块扁钢左侧折断，下部 5cm 处混凝土出现明显的裂缝；试件西面上部 5cm 处混凝土出现大面积剥落，上部第一块扁钢出现明显的外鼓现象，有折断的趋势，第一、二块扁钢之间型钢翼缘屈曲现象进一步明显，混凝土出现明显的外鼓现象，有剥落的趋势。当压力达到 900.2kN 时，试件东面上部 5cm 处型钢翼缘屈曲现象进一步明显，混凝土脱离型钢约 3cm，下部 5cm 处混凝土裂缝进一步明显；试件西面上部 5cm 处混凝土出现大面积破坏，第一、二块扁钢之间混凝土出现较大块剥落，型钢翼缘屈曲现象进一步明显。当压力达到 802.5kN 时，试件整体破坏，上部 20cm 处出现明显弯折。

试件 PEC-9 的试验过程及破坏模式如图 3.20 所示。

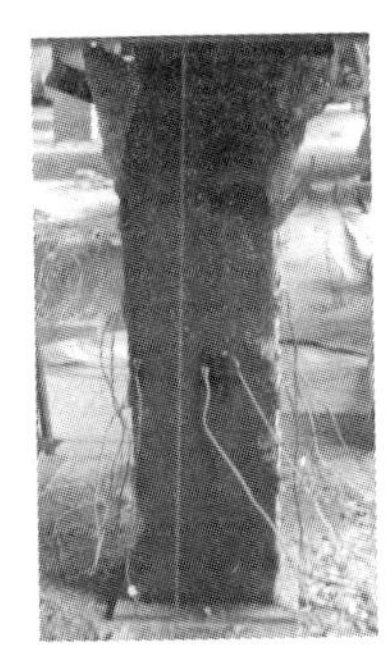

图 3.20　试件 PEC-9 的试验过程及破坏模式

10. 试件 PEC-10

当压力达到 374.5kN 时，试件整体无明显现象，偶尔发出“吱吱”声。当压力达到446.8kN时，试件西面上部5cm处混凝土出现竖向细微裂缝，并延伸至10cm处。当压力达到 733.4kN 时，试件东面上部 5cm 处混凝土出现竖向细微裂缝，并延伸至 10cm 处；试件西面上部 5cm 处混凝土竖向裂缝增大，同时发出“吱吱”声。当压力达到 877.6kN 时，试件东面上部 10cm 处混凝土有明显竖向裂缝，并延伸至 15cm 处；试件西面上部 5cm 处混凝土出现外鼓现象，10cm 处混凝土出现明显的竖向裂缝；试件东西两侧偶尔有小块混凝土剥落。当压力达到 932.6kN 时，试件东面上部 10cm 处混凝土竖向裂缝进一步明显，并延伸至 20cm 处；试件西面上部 10cm 处混凝土有明显的外鼓现象，20cm 处混凝土有明显的裂缝，并发出“吱吱”声。当压力达到 1134.9kN 时，试件东面上部 10cm 处混凝土出现多条竖向裂缝，并有明显的外鼓现象，混凝土脱离型钢翼缘约 0.5cm，偶尔伴有混凝土剥落；试件西面上部 10cm 处混凝土外鼓现象进一步明显，20cm 处混凝土有轻微外鼓现象。当压力达到 1027.3kN 时，试件东面上部 5cm 处混凝土出现较大面积剥落，10cm 处混凝土脱离型钢翼缘约 1cm，并发出“吱吱”声；试件西面上部 10cm 处型钢翼缘开始出现屈曲现象，20cm 处混凝土外鼓现象进一步明显，随时有脱落趋势。当压力达到 975.5kN 时，试件东面上部 5cm 处混凝土剥落现象进一步明显，10cm 处混凝土脱离型钢翼缘约 1.5cm，15cm 处混凝土有明显竖向裂缝，中部型钢翼缘开始出现屈曲；试件西面上部 10cm 处型钢翼缘有明显的屈曲现象，同时混凝土出现间断性剥落，中部混凝土出现细微的横向裂缝，并伴有“吱吱”声。当压力达到 813.4kN 时，试件东面上部 5cm 处有较大块混凝土剥落，10cm 处混凝土脱离型钢翼缘约 2cm，15cm 处混凝土竖向裂缝进一步明显，中部型钢翼缘有明显的屈曲现象；试件西面上部 5cm 处混凝土出现较大面积剥落，10cm 处型钢翼缘屈曲现象进一步明显，中部混凝土有明显的横向裂缝；试件东西两侧均有混凝土持续剥落，并发出“吱吱”声。当压力达到 766.9kN 时，试件东面上部有大块混凝土整体剥落，中部型钢翼缘屈曲现象进一步明显；试件西面上部 5cm 处混凝土剥落现象进一步明显，中部混凝土横向裂缝进一步明显。当压力达到 680.9kN 时，试件东面上部混凝土严重破坏，中部型钢翼缘出现严重屈曲；试件西面上部 5cm 处混凝土严重破坏，10cm 处型钢翼缘出现较严重屈曲；试件东西两侧均有混凝土间断性剥落，并发出“吱吱”声。

试件 PEC-10 的试验过程及破坏模式如图 3.21 所示。

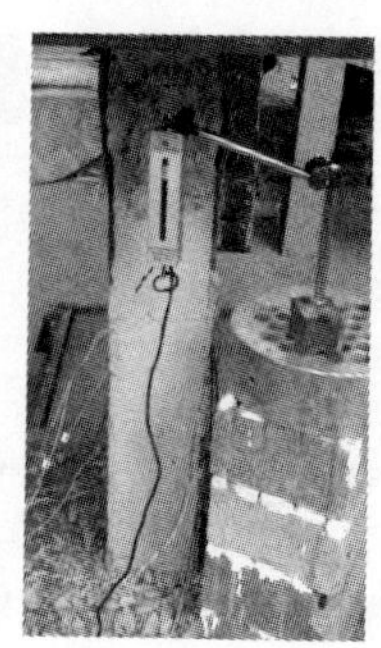

图 3.21　试件 PEC-10 的试验过程及破坏模式

11. 试件 PEC-11

当压力达到 415.9kN 时，试件整体无明显现象，偶尔发出“吱吱”声。当压力达到 541.8kN 时，试件西面上部 5cm 处混凝土出现竖向细微裂缝，并延伸至 10cm 处。当压力达到 632.4kN 时，试件西面上部 5cm 处混凝土出现明显的竖向裂缝，混凝土出现轻微外鼓现象，同时发出“吱吱”声。当压力达到 768.5kN 时，试件西面上部 5cm 处混凝土竖向裂缝进一步明显，混凝土出现明显的外鼓现象，有剥落的趋势。当压力达到 832.5kN 时，试件东面上部 5cm 处混凝土出现竖向细微裂缝，并延伸至 10cm 处；试件西面上部 5cm 处混凝土出现小块整体剥落现象，10cm 处混凝土出现明显的竖向裂缝。当压力达到 932.6kN 时，试件东面上部 10cm 处混凝土出现明显的竖向裂缝，混凝土出现轻微外鼓现象，裂缝延伸至 20cm 处；试件西面上部 5cm 混凝土脱离型钢翼缘约 0.5cm，10cm 处混凝土有明显的外鼓现象，15cm 处混凝土有明显的裂缝，并发出“吱吱”声。当压力达到 1021.3kN 时，试件东面上部 10cm 处混凝土出现多条竖向裂缝，并有明显的外鼓现象，偶尔伴有混凝土剥落；试件西面上部 5cm 处混凝土脱离型钢翼缘约 1cm，10cm 处混凝土外鼓现象进一步明显，15cm 处混凝土有轻微外鼓现象，中部型钢翼缘出现轻微的屈曲现象。当压力达到 993.4kN 时，试件东面上部 10cm 处混凝土外鼓现象进一步明显，随时有较大块混凝土剥落的趋势，20cm 处混凝土脱离型钢翼缘约 0.5cm；试件西面上部 5cm 处混凝土剥落现象进一步明显，混凝土脱离型钢翼缘约 1.5cm，中部型钢翼缘有明显的屈曲现象。当压力达到 1003.3kN 时，试件东面上部 5cm 处混凝土出现大块混凝土剥落，型钢翼缘开始出现屈曲现象，20cm 处混凝土脱离型钢翼缘约 1cm，下部 10cm 处型钢翼缘开始出现屈曲现象；试件西面上部 5cm 处有较大块混凝土剥落，混凝土脱离型钢翼缘约 2cm，中部型钢翼缘屈曲现象进一步明显。当压力达到 899.7kN 时，试件东面上部 5cm 处混凝土剥落现象进一步明显，型钢翼缘有明显的屈曲现象，20cm 处混凝土脱离型钢翼缘约 1.5cm，下部 5cm 处型钢翼缘开始出现屈曲现象，10cm 处型钢翼缘有明显的屈曲现象；试件东西两侧均有小块混凝土持续性剥落，并发出“吱吱”声。当压力达到 800.7kN 时，试件东面上部 5cm 处混凝土严重破坏，型钢翼缘屈曲现象进一步明显，20cm 处混凝土脱离型钢翼缘约 2cm，下部 5cm 处型钢翼缘有明显的屈曲现象，10cm 处型钢翼缘屈曲现象进一步明显；试件西面上部 5cm 处混凝土剥落现象进一步明显，混凝土脱离型钢翼缘约 2cm，中部型钢翼缘屈曲现象进一步明显。

试件 PEC-11 的试验过程及破坏模式如图 3.22 所示。

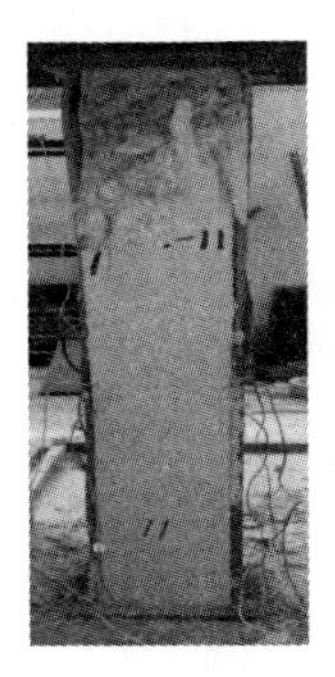
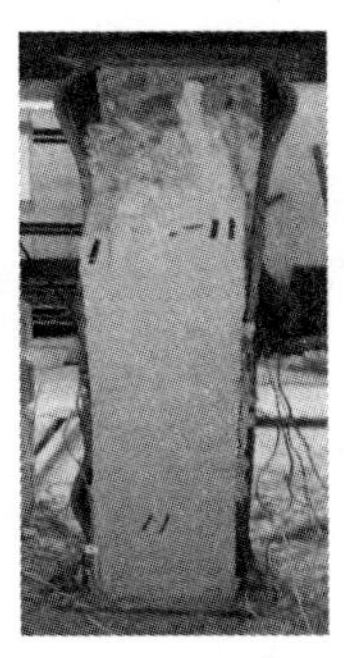
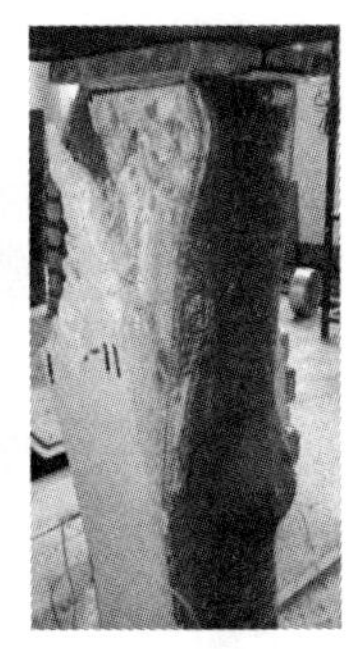

图 3.22　试件 PEC-11 的试验过程及破坏模式

12. 试件 PEC-12

当压力达到 327.6kN 时，试件东面上部 5cm 处混凝土出现竖向细微裂缝，偶尔发出“吱吱”声。当压力达到 434.8kN 时，试件东面上部 5cm 处混凝土竖向裂缝增大，并延伸至 10cm 处。当压力达到 574.6kN 时，试件东面上部 5cm 处混凝土出现明显的竖向裂缝，混凝土出现轻微外鼓现象，下部 5cm 处混凝土出现竖向细微裂缝，有向上增大的趋势，同时发出“吱吱”声。当压力达到 648.8kN 时，试件东面上部 5cm 处混凝土竖向裂缝进一步明显，10cm 处混凝土出现轻微外鼓现象，下部 5cm 处混凝土竖向裂缝增大，并向上延伸至 10cm 处；试件西面下部 5cm 处混凝土出现竖向细微裂缝。当压力达到 822.9kN 时，试件东面上部 10cm

处混凝土出现明显的外鼓现象，并伴有小块混凝土剥落，下部 5cm 处混凝土出现明显的竖向裂缝；试件西面上部 5cm 处混凝土出现竖向细微裂缝，下部 5cm 处混凝土出现明显的竖向裂缝，裂缝向上延伸至 10cm 处。当压力达到 939.4kN 时，试件东面上部 10cm 处混凝土出现较大面积整体剥落，裂缝延伸至 15cm 处，下部 5cm 处混凝土竖向裂缝进一步明显；试件西面上部 5cm 处混凝土出现明显的竖向裂缝，裂缝延伸至 10cm 处；试件东西面两侧均有小块混凝土间断性剥落。当压力达到 1059.6kN 时，试件东面上部 5cm 处混凝土脱离型钢翼缘约 0.5cm，型钢翼缘开始出现屈曲现象，15cm 处混凝土有明显的竖向裂缝，裂缝延伸至 20cm 处；试件西面上部 5cm 处混凝土竖向裂缝进一步明显，混凝土开始出现外鼓现象。当压力达到 1004.6kN 时，试件东面上部 5cm 处混凝土脱离型钢翼缘约 1cm，型钢翼缘有明显的屈曲现象，10cm 处有大块混凝土整体剥落，15cm 处混凝土竖向裂缝进一步明显，中部混凝土出现横向细微裂缝；试件西面上部 5cm 处混凝土有明显的外鼓现象，并伴有小块混凝土间断性剥落，下部 30cm 处型钢翼缘开始出现屈曲现象。当压力达到 1083.2kN 时，试件东面上部 5cm 处混凝土脱离型钢翼缘约 1.5cm，型钢翼缘屈曲现象进一步明显，中部混凝土有明显的横向裂缝，下部 5cm 处型钢翼缘出现轻微屈曲现象；试件西面上部 5cm 处混凝土脱离型钢翼缘约 1cm，混凝土外鼓现象进一步明显，下部 30cm 处型钢翼缘出现明显的屈曲现象；试件东西面两侧均有小块混凝土持续剥落，并伴有“吱吱”声。当压力达到 948.6kN 时，试件东面上部 5cm 处混凝土出现大面积剥落，型钢翼缘出现严重屈曲，中部混凝土出现横向断裂，下部 5cm 处型钢翼缘出现明显的屈曲现象；试件西面上部 5cm 处混凝土剥落现象进一步明显，混凝土脱离型钢翼缘约 2cm，下部 30cm 处型钢翼缘出现严重屈曲。当压力达到 874.6kN 时，试件整体破坏，约呈“C”形。

试件 PEC-12 的试验过程及破坏模式如图 3.23 所示。

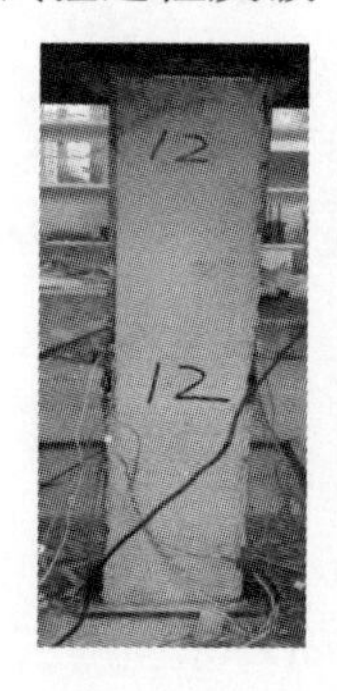

图 3.23　试件 PEC-12 的试验过程及破坏模式

综上所述，所有高频 H 型钢部分包裹再生混凝土柱在轴压下表现出相似的破坏模式：再生混凝土被压碎，且型钢翼缘发生了局部屈曲。典型的破坏形式如图 3.24 所示。

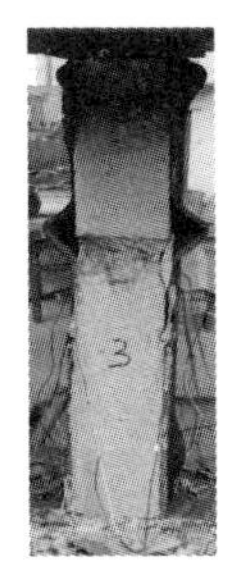
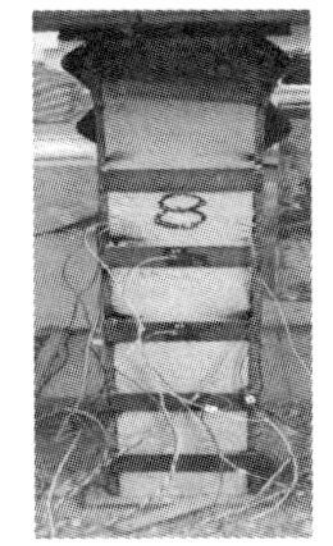

图 3.24　典型的破坏形式

所有高频 H 型钢部分包裹再生混凝土柱的受压过程如下：在开始施压时，型钢翼缘并没有出现屈曲现象；随着压力逐渐增大，型钢翼缘之间的混凝土（再生混凝土）逐渐出现细微的裂缝；极限荷载下，型钢翼缘与混凝土（再生混凝土）之间的裂缝开始明显，但型钢翼缘只有微小的形变；达到极限荷载后，短柱的最大承载能力开始下降，且裂缝向内扩展，型钢翼缘发生明显形变，混凝土（再生混凝土）开始剥落；型钢翼缘发生严重局部屈曲时认为其最终破坏，此时混凝土（再生混凝土）被压碎；横向扁钢试件在出现最终破坏后均发现有少数横向扁钢与型钢翼缘在焊接处发生了断裂。图 3.25 和图 3.26 为试验中的 12 根高频 H 型钢部分包裹再生混凝土短柱的破坏图。

图 3.25　12 根高频 H 型钢部分包裹再生混凝土短柱正面的破坏图

图中从左至右依次为 PEC-1～PEC-12

图 3.26　12 根高频 H 型钢部分包裹再生混凝土短柱背面的破坏图

图中从左至右依次为 PEC-12～PEC-1

3.4.2　试件的荷载-变形曲线

1. 型钢部分包裹再生混凝土轴压短柱工作过程分析

为分析型钢部分包裹再生混凝土轴压短柱的受力性能，并与应变片采集到的数据进行对比，将纵向位移值转化成纵向应变值（ε=测量的变形值/柱子总高度），最终绘制出型钢部分包裹再生混凝土轴压短柱的轴向荷载-纵向应变关系曲线，如图 3.27 所示。

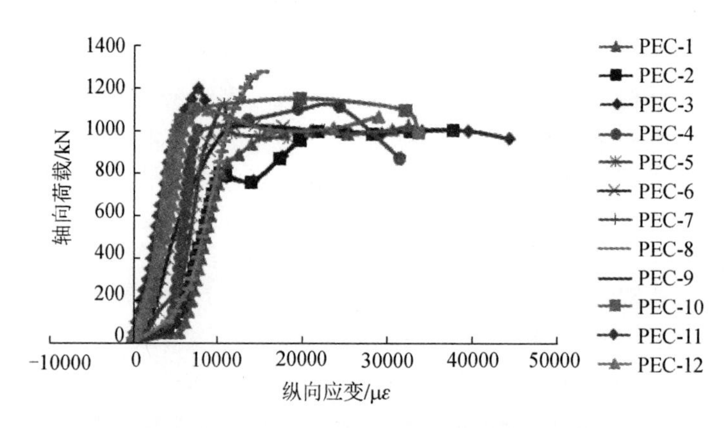

图 3.27　型钢部分包裹再生混凝土轴压短柱的轴向荷载-纵向应变关系曲线

由图 3.27 可知，型钢部分包裹再生混凝土轴压短柱的荷载-纵向应变关系曲线基本呈现先升后降的趋势，型钢部分包裹再生混凝土轴压短柱的工作过程分为弹性工作阶段、弹塑性工作阶段和破坏阶段三大阶段。图 3.28 为典型的型钢部分包裹再生混凝土轴压短柱荷载-应变关系曲线。

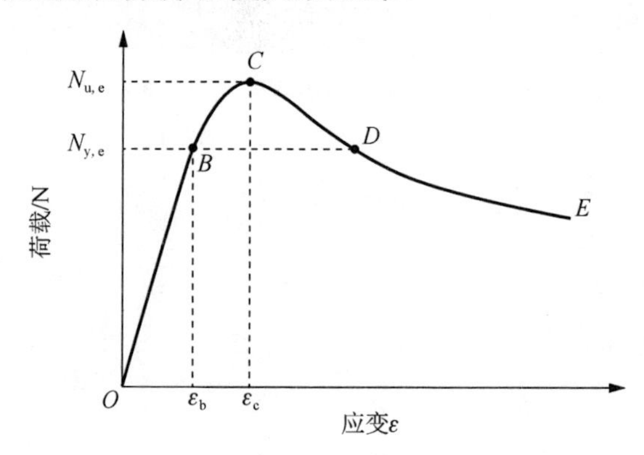

图 3.28　典型的型钢部分包裹再生混凝土轴压短柱荷载-应变关系曲线

（1）第一阶段：弹性工作阶段

此阶段荷载和位移呈直线变化，且构件的纵向应变大于横向应变。这说明在加载初期型钢和混凝土（再生混凝土）共同承受轴压而横向扁钢对构件的约束效应不明显，构件的曲线斜率显示再生粗骨料取代率越高曲线的斜率越大，有扁钢约束构件的曲线斜率大于没有扁钢约束构件的曲线斜率。

图 3.28 中 *OB* 段为荷载-应变曲线的直线段，这一阶段型钢部分包裹再生混凝土轴压短柱处于弹性工作阶段，且型钢和混凝土（再生混凝土）共同工作。当荷载增加至 *B* 点时，型钢翼缘与混凝土（再生混凝土）之间开始出现微小裂缝，且型钢翼缘上的应变片测到的数据显示型钢翼缘已经开始屈服，但没有发生屈曲变形。定义 *B* 点的荷载为初始屈服荷载或弹性极限荷载，简称屈服荷载 $N_{y,e}$，对应的应变为屈服应变 ε_b。

（2）第二阶段：弹塑性工作阶段

此阶段最明显的现象就是型钢翼缘发生屈曲，而型钢翼缘的纵向受压转变为横向受拉，且型钢翼缘和横向扁钢的横向应变增加的倍率很快，横向扁钢的约束效果明显。此时，型钢翼缘和混凝土（再生混凝土）发生应力重组，且核心的混凝土（再生混凝土）开始出现细微裂缝，同时由于短柱的长细比较大，在型钢翼缘开始屈服时构件先从中部开始屈曲变形，这也是柱子容易发生失稳的原因。从曲线中得出，此时应变增加迅速但荷载增加缓慢，且横向应变大幅度提高。曲线的斜率随着再生粗骨料取代率的增大、扁钢的增加和混凝土（再生混凝土）强度的增大而增大。

图 3.28 中 *BC* 曲线斜率不断减小直至达到极限荷载 *C* 点，型钢部分包裹再生混凝土轴压短柱对应的荷载为极限承载力 $N_{u,e}$，对应的应变为峰值应变 ε_c。*BC* 段短柱处于塑性工作范围，型钢翼缘与混凝土（再生混凝土）之间的裂缝继续向垂直方向和腹板方向延伸，同时二者出现脱开的趋势，直到达到极限荷载 *C* 点；然后短柱的承载力开始下降。

（3）第三阶段：破坏阶段

此阶段最明显的现象就是横向扁钢断裂且混凝土（再生混凝土）出现明显的横向断裂。横向应变的增大使扁钢发生断裂，继而使型钢翼缘完全屈服，构件破坏以后承载力会急剧下降。

图 3.28 中 *CDE* 段属于短柱的破坏阶段。*C* 点以后混凝土（再生混凝土）裂缝不断发展，且与型钢翼缘逐渐脱开；短柱的承载力随变形的发展快速下降，型钢翼缘开始出现向外的变形。随着荷载的继续下降，混凝土（再生混凝土）保护层开始脱落；型钢翼缘间的混凝土（再生混凝土）逐渐被压碎，型钢翼缘出现破坏性鼓曲。

2. 型钢部分包裹再生混凝土轴压短柱荷载-应变曲线的特点

为分析型钢部分包裹再生混凝土轴压短柱在轴向荷载作用下的受力性能，本节定义了以下两个参数：①*B* 点的割线模量 E_b；②*D* 点的割线模量 E_d，其中 *D* 点的荷载值与 *B* 点相同。另外，为评价柱子在达到极限荷载以后的性能，还定义

了延性系数 μ，表示荷载为 0.85 $N_{u,e}$ 时柱子的应变与峰值应变的比值。下面将对 12 根试件（PEC-1～PEC-12）的荷载-应变曲线逐一进行分析，具体如图 3.29～图 3.40 所示。

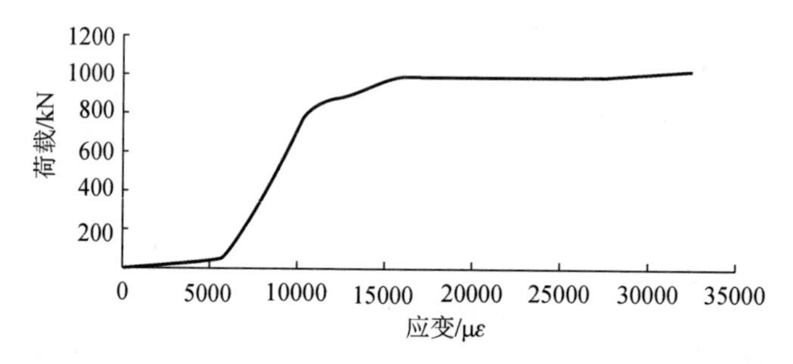

图 3.29　PEC-1 荷载-应变曲线

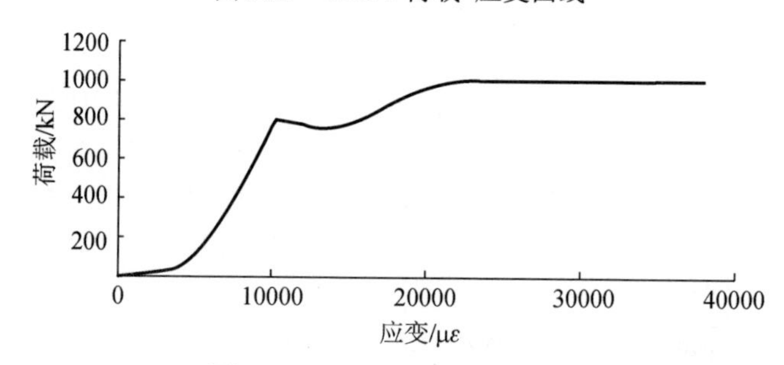

图 3.30　PEC-2 荷载-应变曲线

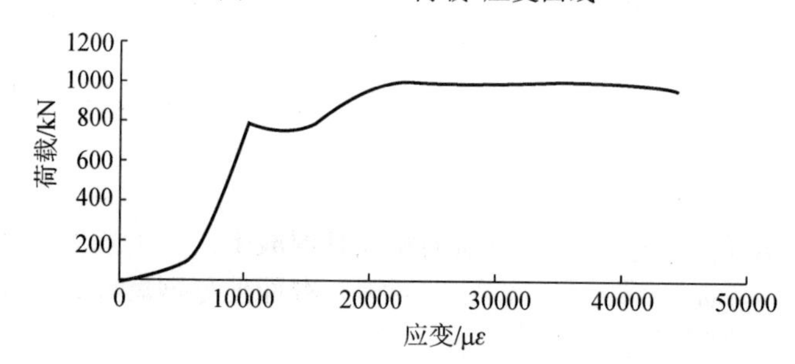

图 3.31　PEC-3 荷载-应变曲线

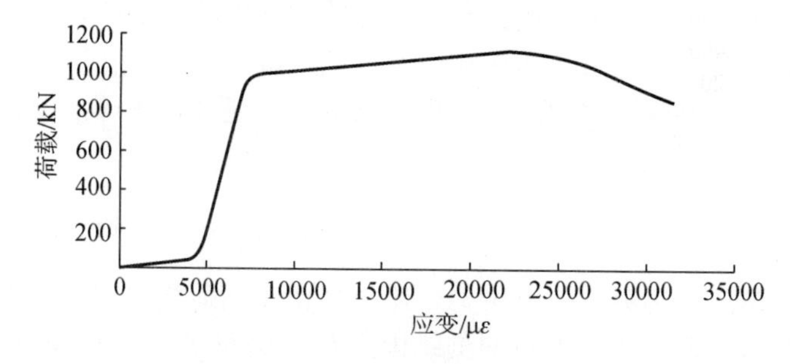

图 3.32　PEC-4 荷载-应变曲线

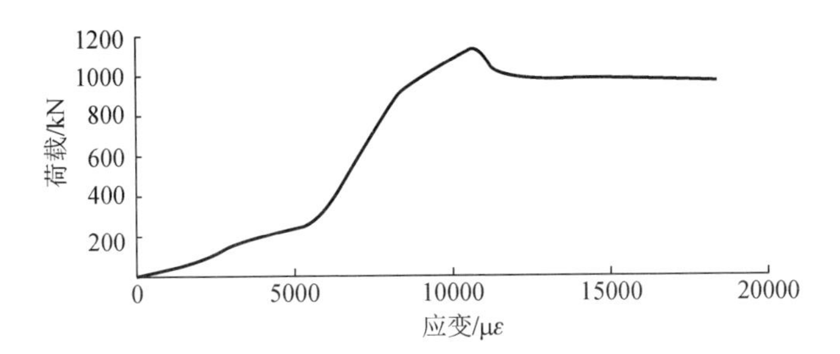

图3.33　PEC-5 荷载-应变曲线

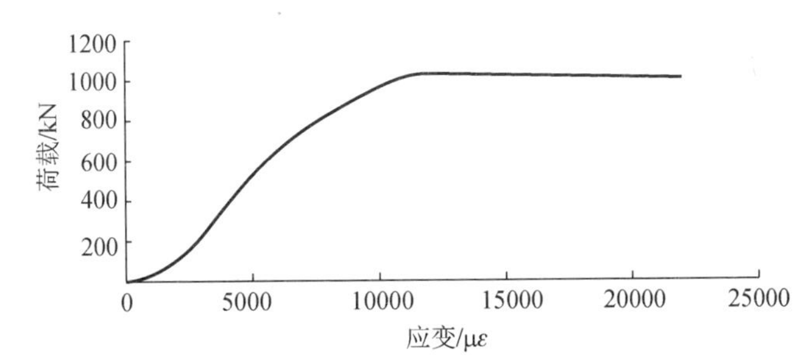

图3.34　PEC-6 荷载-应变曲线

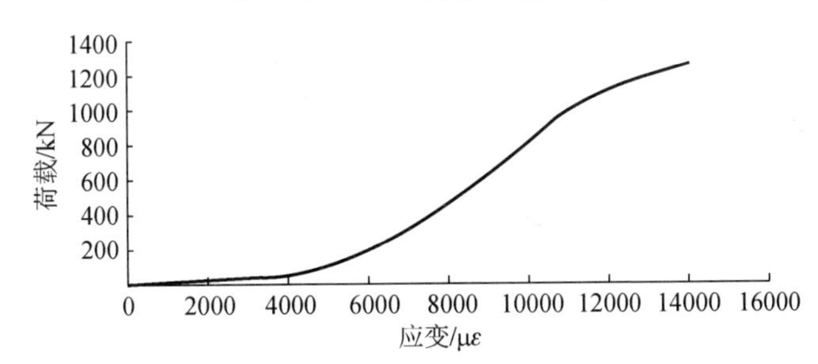

图3.35　PEC-7 荷载-应变曲线

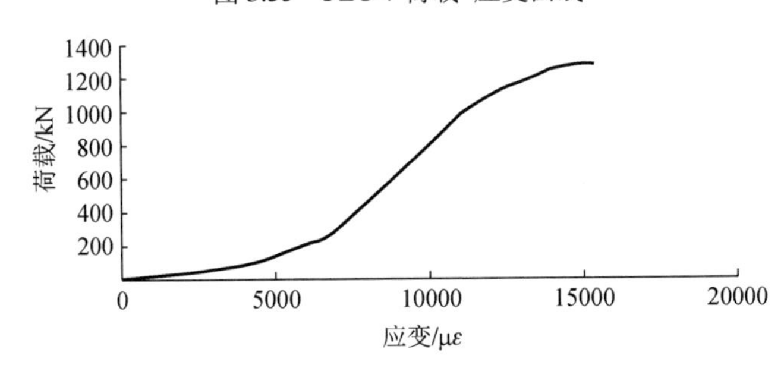

图3.36　PEC-8 荷载-应变曲线

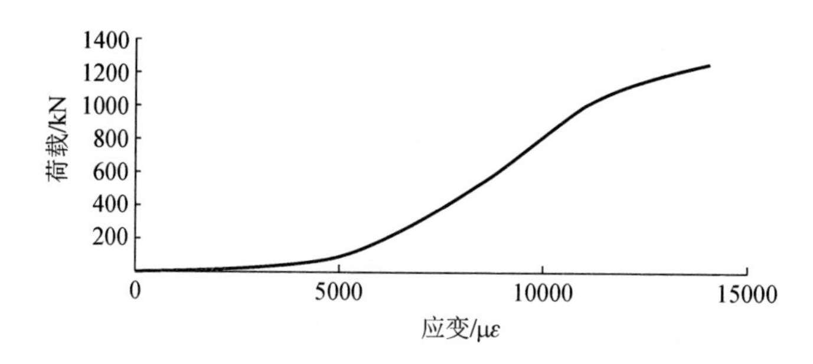

图 3.37　PEC-9 荷载-应变曲线

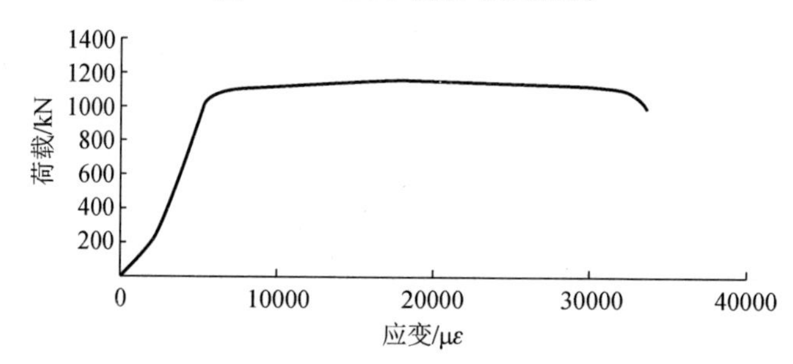

图 3.38　PEC-10 荷载-应变曲线

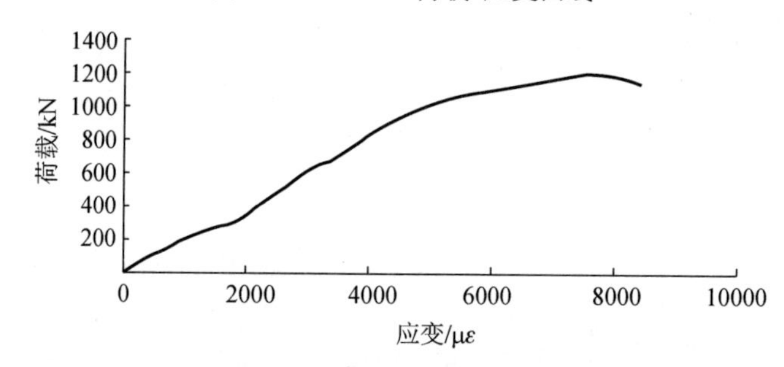

图 3.39　PEC-11 荷载-应变曲线

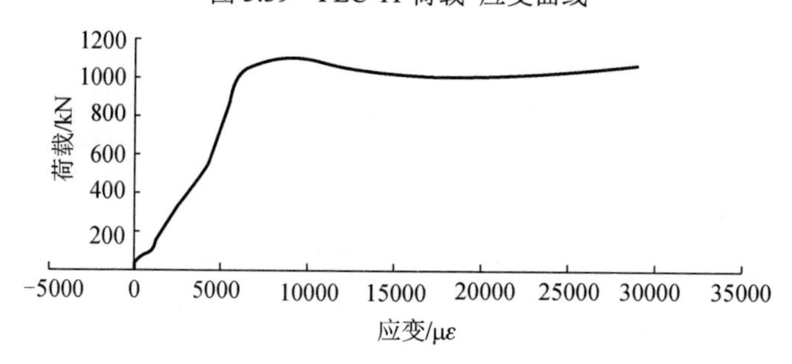

图 3.40　PEC-12 荷载-应变曲线

试件的部分试验结果见表 3.6。

表 3.6　试件的部分试验结果

短柱编号	屈服荷载 $N_{y,e}$ /kN	极限承载力 $N_{u,e}$ /kN	$\frac{N_{y,e}}{N_{u,e}}$	割线模量 E_b	割线模量 E_d	μ
PEC-1	864	1026	0.84	0.071	0.027	1.1
PEC-2	831	1004	0.83	0.078	0.029	1.3
PEC-3	780	1004	0.78	0.076	0.025	1.5
PEC-4	985	1115	0.88	0.126	0.041	1.2
PEC-5	922	1131	0.82	0.098	0.030	1.7
PEC-6	812	1033	0.79	0.104	0.053	1.9
PEC-7	967	1243	0.78	0.065	0.031	2.1
PEC-8	914	1277	0.72	0.078	0.035	2.0
PEC-9	865	1270	0.68	0.071	0.030	2.3
PEC-10	973	1110	0.88	0.191	0.060	1.3
PEC-11	867	1151	0.75	0.207	0.083	1.8
PEC-12	852	1110	0.77	0.158	0.048	1.5

由表 3.6 可以看出：

1）试件在弹性阶段的刚度在 0.065～0.207kN/$\mu\varepsilon$。

2）屈服荷载时的割线模量 E_b 是当荷载下降到屈服荷载值时的割线模量 E_d，在 0.025～0.083 时延性系数在 1.1～2.3。

12 根试验柱中，PEC-7、PEC-8 和 PEC-9 这 3 根的延性系数相对较大且峰值后的曲线最为平缓，其原因可能为这 3 根柱子配置了横向扁钢从而加强了对混凝土的约束效果，使钢和混凝土具有更好的协调作用。试件的破坏形态大致类似，都是顶部和底部的混凝土出现裂缝且逐渐向中间延伸，随着荷载的增加翼缘开始出现屈曲现象且该现象越来越明显，最后混凝土发生破坏，翼缘和腹板均有明显的屈曲现象。

3. 高频焊接 H 型钢翼缘和腹板的变形特点

下面将从 H 型钢翼缘、腹板荷载-应变关系曲线对 12 根试验柱的焊接 H 型钢在整个加载过程中的受力情况和变形特点进行分析，分别如图 3.41～图 3.52 所示。

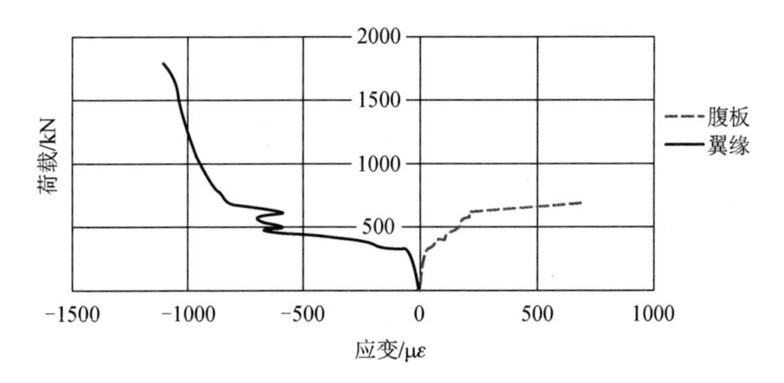

图 3.41　PEC-1 翼缘、腹板荷载-应变关系图

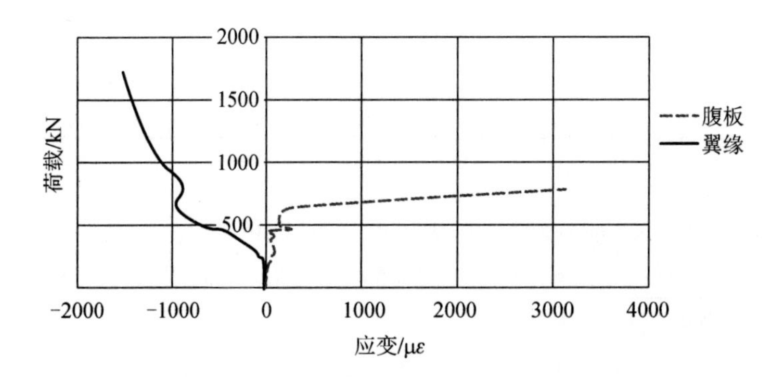

图 3.42　PEC-2 翼缘、腹板荷载-应变关系图

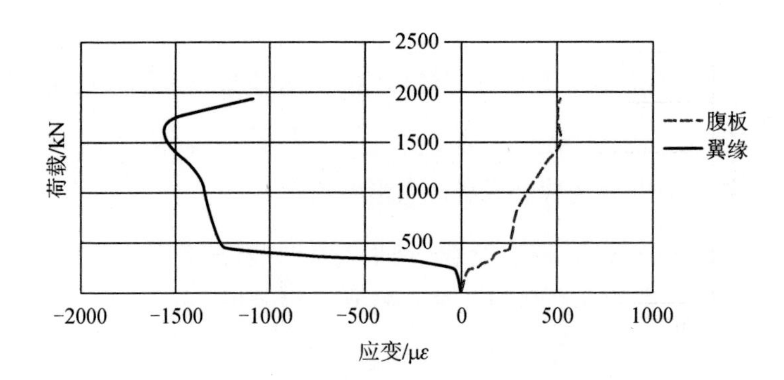

图 3.43　PEC-3 翼缘、腹板荷载-应变关系图

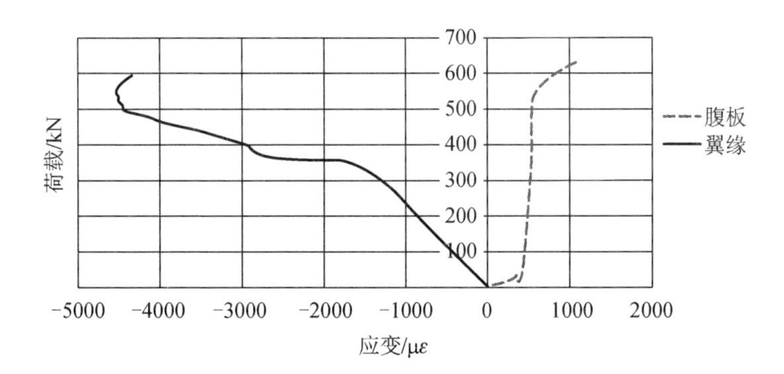

图 3.44　PEC-4 翼缘、腹板荷载-应变关系图

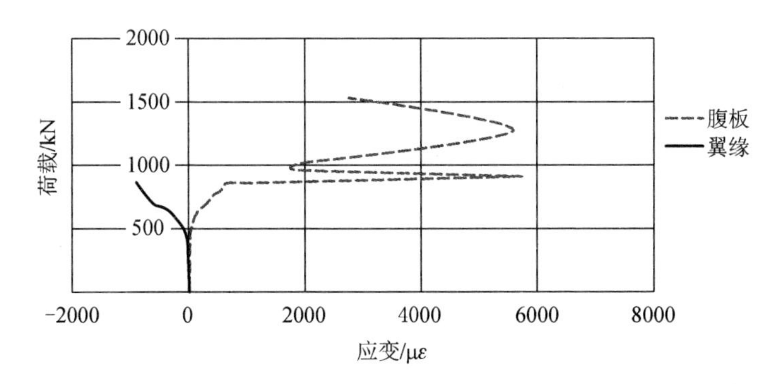

图 3.45　PEC-5 翼缘、腹板荷载-应变关系图

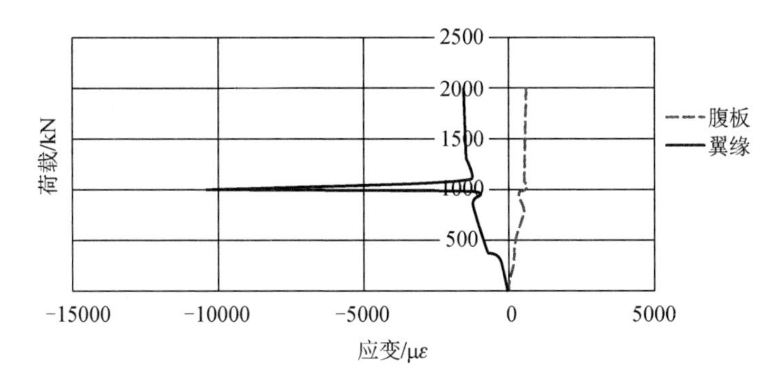

图 3.46　PEC-6 翼缘、腹板荷载-应变关系图

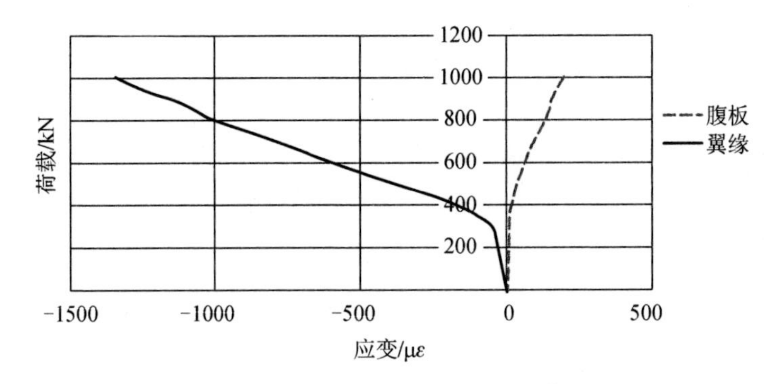

图 3.47　PEC-7 翼缘、腹板荷载-应变关系图

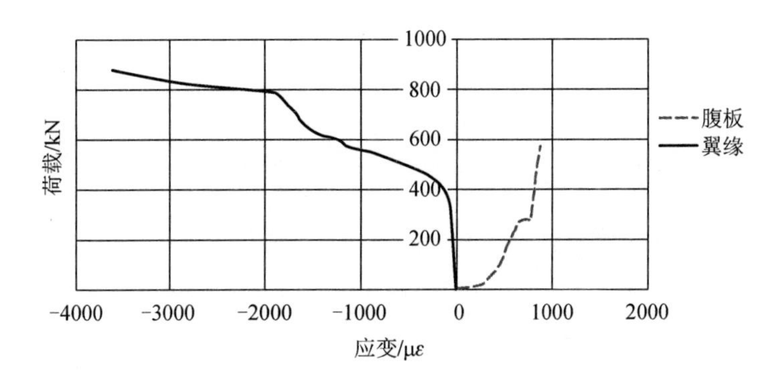

图 3.48　PEC-8 翼缘、腹板荷载-应变关系图

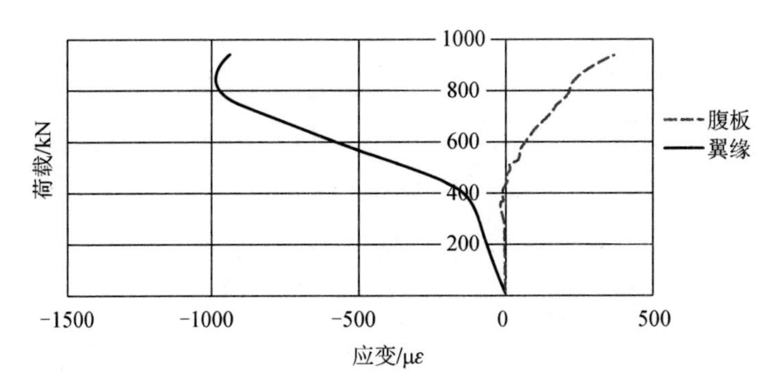

图 3.49　PEC-9 翼缘、腹板荷载-应变关系图

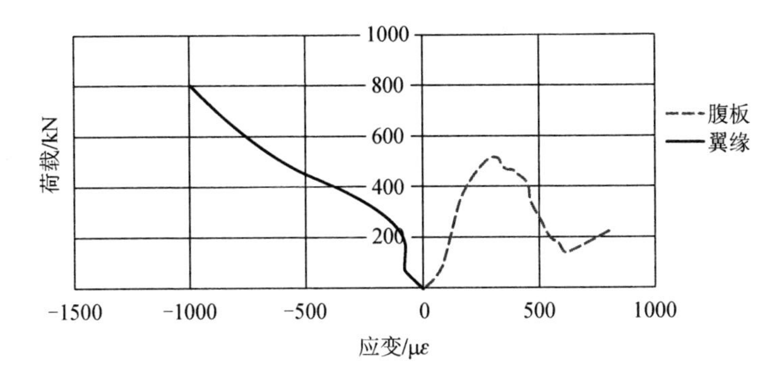

图 3.50　PEC-10 翼缘、腹板荷载-应变关系图

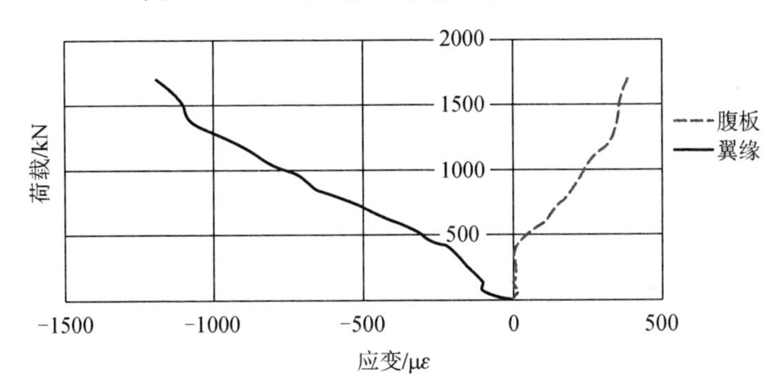

图 3.51　PEC-11 翼缘、腹板荷载-应变关系图

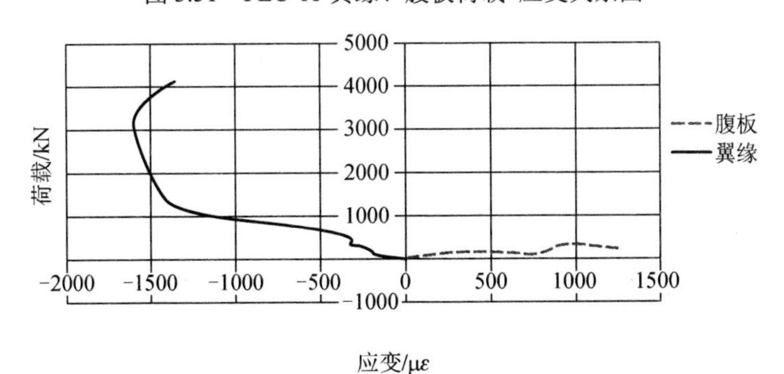

图 3.52　PEC-12 翼缘、腹板荷载-应变关系图

由图 3.41～图 3.52 可以看出，柱子从开始受压直达极限荷载前型钢腹板呈现弹性变形的特点。PEC-7、PEC-8、PEC-9 这 3 根短柱的横向扁钢所在平面的腹板和扁钢中间平面的腹板变形基本同步，部分试件在达到极限荷载后仍然表现出这样的特点。由此说明，扁钢的设置虽然在扁钢所在平面能够起到约束混凝土的作用，但是对于腹板的受力性能影响较小。

3.4.3 影响短柱承载力的因素

本节通过对 12 根短柱的荷载-位移曲线的分析得出试件受力时的影响因素、构件在不同阶段的受力情况，以及构件在不同时期材料的受力先后。

型钢部分包裹再生混凝土柱的破坏过程可以分为型钢翼缘屈服、横向扁钢断裂、型钢翼缘屈服 3 个过程。轴压初期型钢和混凝土（再生混凝土）共同承受荷载，随着荷载的增大型钢翼缘和混凝土（再生混凝土）发生应力重新分布，型钢翼缘的纵向应力变小而横向应力增大，型钢翼缘为核心混凝土（再生混凝土）提供约束力使型钢翼缘和核心混凝土（再生混凝土）的横向变形增大，同时承载力增大且型钢翼缘的横向变形增大导致横向扁钢的横向约束力增大。最后横向扁钢断裂和型钢翼缘屈服，荷载才慢慢地降低，此时位移变化很大，所以扁钢、型钢翼缘和混凝土（再生混凝土）表现出一定的延性，这种作用在地震中尤为重要。

所有的曲线基本都有上升—第一峰值—下降—谷值—上升—第二峰值—缓慢变化—急剧下降 8 个过程。混凝土（再生混凝土）的承载力并没有随着再生粗骨料取代率呈直线变化，而是一个曲线波动过程，再生粗骨料取代率越高，混凝土（再生混凝土）的延性越强，后期承受的荷载也相应地有所增加。

横向扁钢的约束使上述曲线可以分为 4 个受力阶段：弹性阶段、弹塑性阶段（加载中期应力重新分布）、塑性强化阶段、破坏阶段。弹性阶段曲线呈直线上升，压力卸载后能回到原点，一般弹性阶段都在 10mm 以内，随着荷载的增大构件出现应力后，曲线达到第一峰值，这时核心混凝土（再生混凝土）出现微小的裂缝。荷载继续加大型钢翼缘发生屈服，曲线开始下降，这时构件的横向应力增大，扁钢对构件提供了横向约束力。随后，曲线缓慢变化，荷载变化幅度小，位移大幅度变化，曲线达到塑性强化阶段。横向应力继续增大，出现扁钢断裂，型钢翼缘屈服，曲线急剧下降，说明扁钢为抗拉强度大、弹性模量大的脆性材料。

无论型钢部分包裹再生混凝土柱的混凝土（再生混凝土）一侧是否具有扁钢，曲线都具有以上 4 个受力阶段。具有扁钢约束的构件和未具有扁钢约束的构件在出现交点后的破坏形态相似，而前者的受力性能明显优于后者。在具有扁钢约束的构件出现谷值时，未具有扁钢约束的构件出现第二峰值，说明扁钢的约束会使构件的受力阶段滞后，而且具有扁钢约束的构件在受力过程中，受力更加均匀。

柱子长细比的不同主要影响构件的轴压比和挠度，但曲线仍会出现 4 个受力阶段。短柱的长度相差不大但构件的受力截面有很大的不同时，影响构件的是轴压比，轴压比越小，构件受力越合理，越有利于构件的抗震。

1. 再生混凝土强度对型钢部分包裹再生混凝土短柱承载力的影响

通过比较 PEC-1 和 PEC-10、PEC-2 和 PEC-11 及 PEC-3 和 PEC-12 这 3 组短

柱的荷载-位移曲线关系，探讨再生混凝土强度对型钢部分包裹再生混凝土短柱承载力的影响。其荷载-位移（P–$\varDelta$）曲线关系如图 3.53～图 3.55 所示。

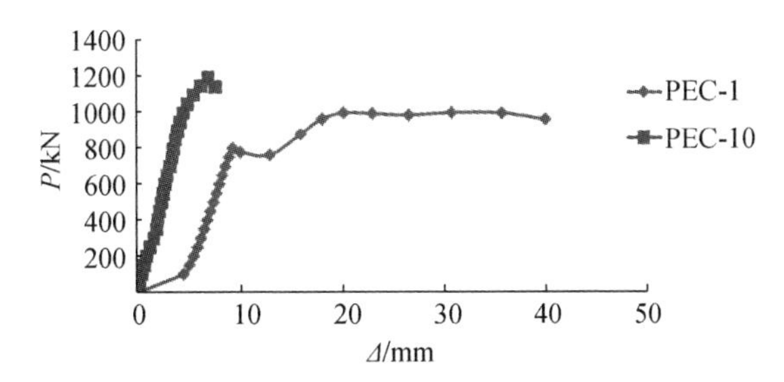

图 3.53　PEC-1 与 PEC-10 的 P–$\varDelta$曲线关系

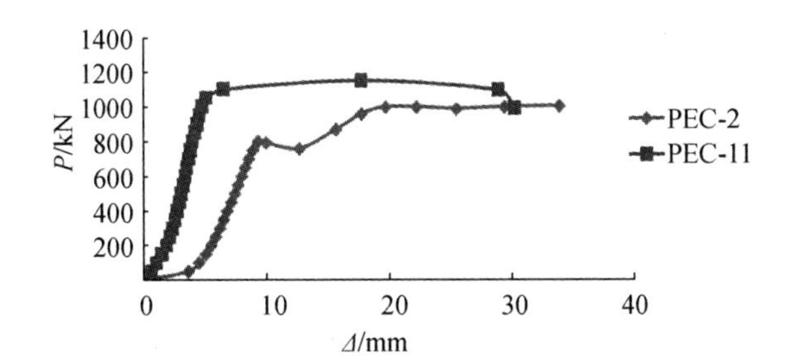

图 3.54　PEC-2 与 PEC-11 的 P–$\varDelta$曲线关系

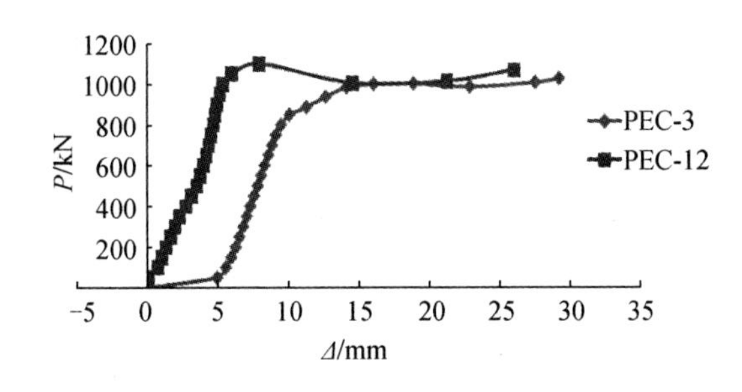

图 3.55　PEC-3 与 PEC-12 的 P–$\varDelta$曲线关系

由图 3.53～图 3.55 可知，当再生粗骨料取代率分别为 0、50%和 100%时，随着混凝土（再生混凝土）强度等级的增加，试件的轴向刚度逐渐增加，且前者增加的幅度大于后者。因此，在一定范围内增大混凝土（再生混凝土）强度等级有助于提高短柱轴向承载力。

2．再生粗骨料取代率对型钢部分包裹再生混凝土短柱承载力的影响

通过比较 PEC-1、PEC-2 和 PEC-3，PEC-4、PEC-5 和 PEC-6，PEC-7、PEC-8 和 PEC-9，PEC-10、PEC-11 和 PEC-12 这 4 组构件的 P–$\varDelta$曲线关系，探讨再生粗骨料取代率对型钢部分包裹再生混凝土短柱承载力的影响。其 P–$\varDelta$曲线关系如

图 3.56～图 3.59 所示。

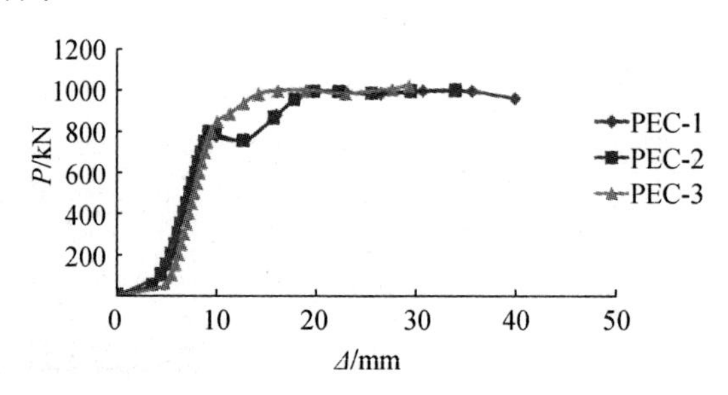

图 3.56　PEC-1、PEC-2 和 PEC-3 的 P-Δ曲线关系

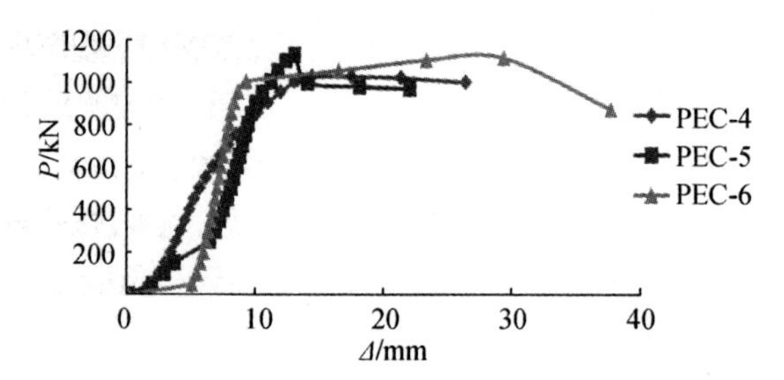

图 3.57　PEC-4、PEC-5 和 PEC-6 的 P-Δ曲线关系

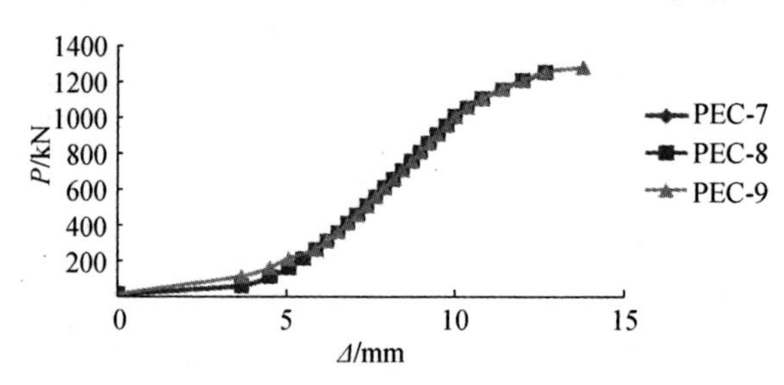

图 3.58　PEC-7、PEC-8 和 PEC-9 的 P-Δ曲线关系

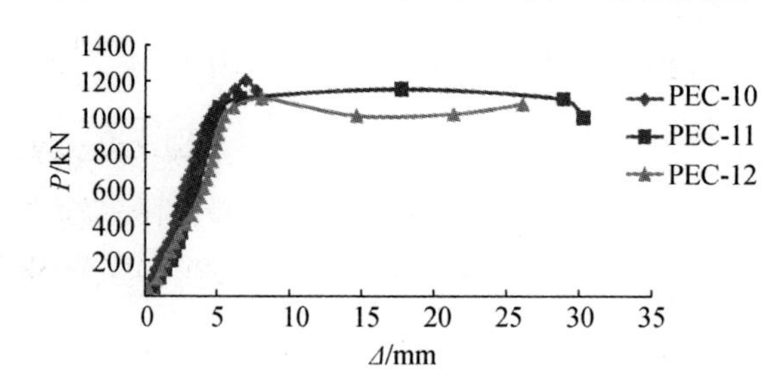

图 3.59　PEC-10、PEC-11 和 PEC-12 的 P-Δ曲线关系

由图 3.56～图 3.59 可知，加载初期曲线基本呈线性变化，表明其初始轴向刚度基本保持不变，当荷载达到 $0.7N_{u,e}$ 之后，试件的轴向刚度略有减小。

随着再生粗骨料取代率的增大，混凝土（再生混凝土）强度等级为 C30 的试件的轴向刚度逐渐增加，而混凝土（再生混凝土）强度等级为 C40 的试件的轴向刚度逐渐减小，这可能与再生混凝土的内部机理有关。在再生混凝土在解体破碎过程中，损伤积累使再生粗骨料内部存在大量微细裂纹，会显著影响混凝土的变形，并且在拌制混凝土（再生混凝土）时会导致混凝土（再生混凝土）的实际水灰比（W/C）变小而引起强度提高。对于 C30 混凝土（再生混凝土），随着再生粗骨料取代率的增加，强度提高部分较变形影响大，试件轴向刚度逐渐增加，而对于 C40 混凝土（再生混凝土）则恰好相反。因此，再生粗骨料适用于配置中低强度混凝土，而在配制高强度混凝土时，需要对再生粗骨料进行强化处理。在一定范围内增大再生粗骨料取代率有助于提高短柱轴向承载力，而超出该范围后会降低短柱轴向承载力，在设计短柱轴向承载力时应充分考虑再生粗骨料取代率。

3. 短柱长细比对型钢部分包裹再生混凝土短柱承载力的影响

通过比较 PEC-1 和 PEC-4、PEC-2 和 PEC-5、PEC-3 和 PEC-6 这 3 组短柱的 P–Δ曲线关系，探讨短柱长细比对型钢部分包裹再生混凝土短柱承载力的影响。其 P–Δ曲线关系如图 3.60～图 3.62 所示。

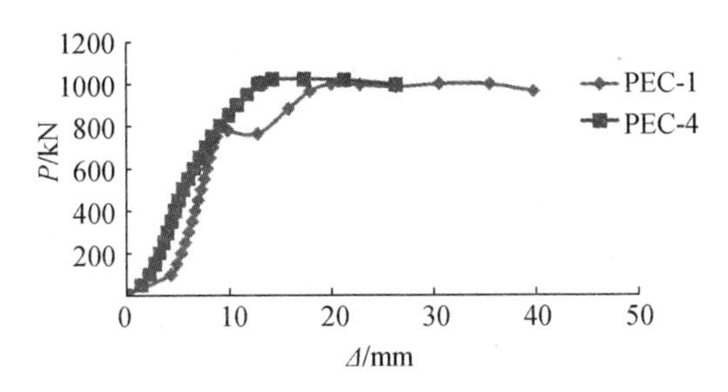

图 3.60　PEC-1 和 PEC-4 的 P–Δ曲线关系

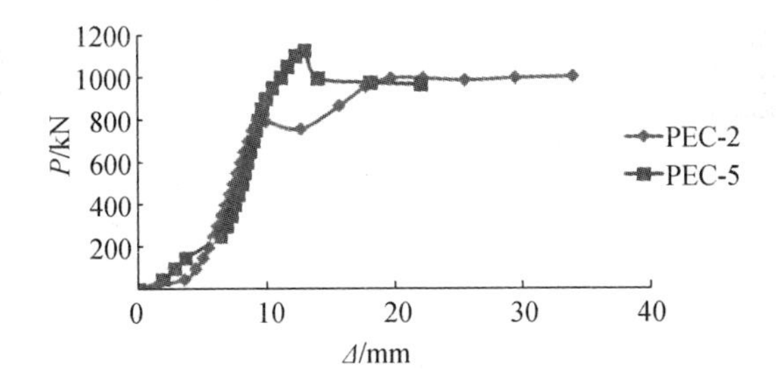

图 3.61　PEC-2 和 PEC-5 的 P–Δ曲线关系

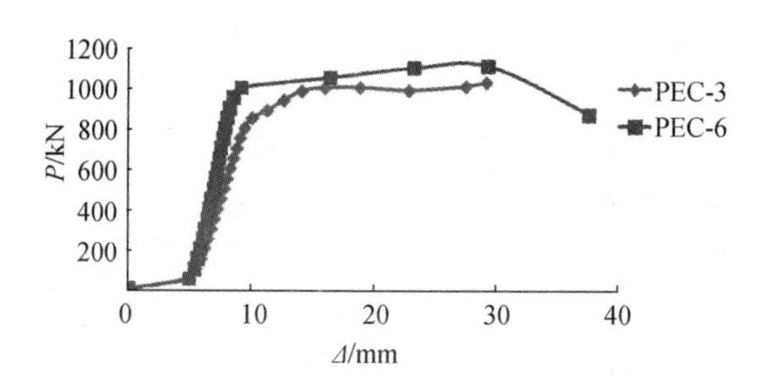

图 3.62　PEC-3 和 PEC-6 的 P-Δ曲线关系

由图 3.60～图 3.62 可知，长细比对型钢部分包裹再生混凝土柱在轴心荷载作用下的破坏过程、破坏形态及极限承载力影响很大。长细比较大的试件其裂缝出现较早而极限承载力较小，长细比较小的试件其裂缝出现较迟且开裂荷载及极限承载力都较大。

4. 是否配置横向扁钢对型钢部分包裹再生混凝土短柱承载力的影响

通过比较 PEC-1 和 PEC-7、PEC-2 和 PEC-8 及 PEC-3 和 PEC-9 这 3 组短柱的 P-Δ曲线关系，探讨横向扁钢的设置对型钢部分包裹再生混凝土短柱承载力的影响。其 P-Δ曲线关系如图 3.63～图 3.65 所示。

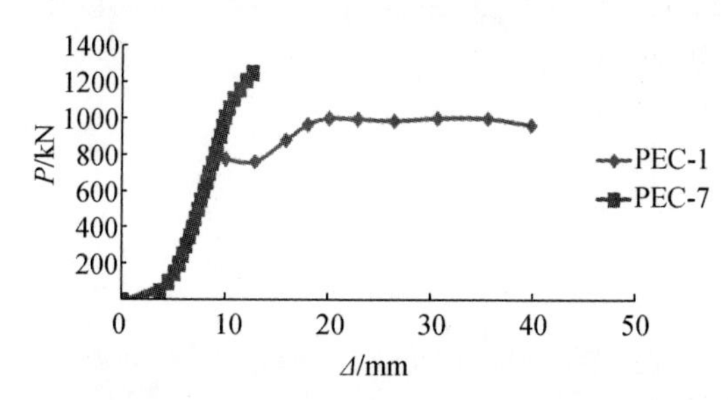

图 3.63　PEC-1 和 PEC-7 的 P-Δ曲线关系

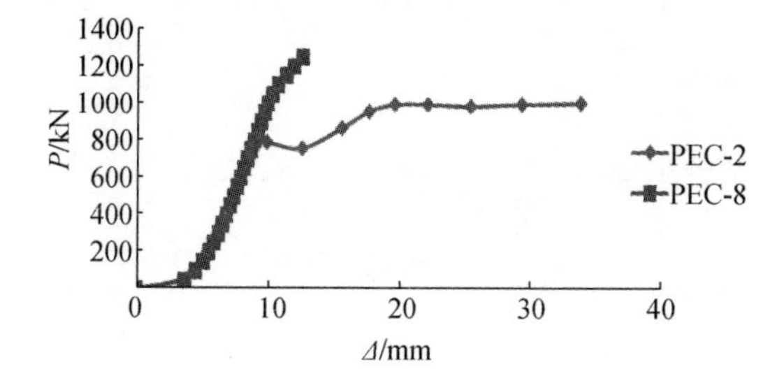

图 3.64　PEC-2 和 PEC-8 的 P-Δ曲线关系

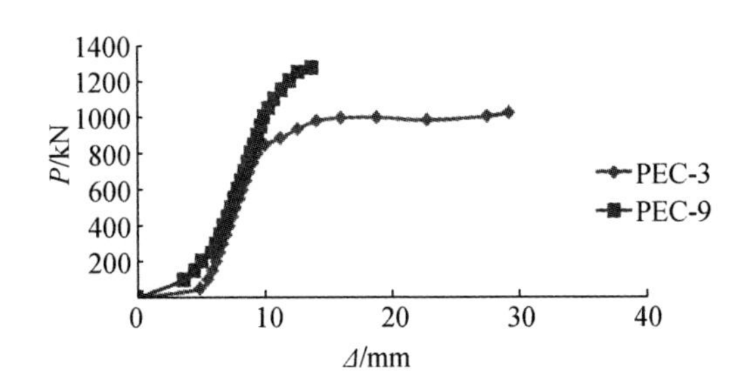

图 3.65　PEC-3 和 PEC-9 的 P–Δ曲线关系

由图 3.63～图 3.65 可知，横向扁钢的设置一方面大大提高了短柱的极限承载力，另一方面明显降低了钢材的延性。混凝土（再生混凝土）由于受到轴向力的作用会向对其约束较弱的扁钢一侧膨胀，混凝土（再生混凝土）膨胀又促使扁钢向外弯曲而保护层混凝土（再生混凝土）变形要与扁钢协调，所以最终保护层的混凝土（再生混凝土）会受拉剥落。但是在达到极限荷载时扁钢的应变很小而并没有发生屈服，这是因为当混凝土（再生混凝土）保护层剥落以后荷载大部分转移到了 H 型钢上，此时型钢翼缘的变形逐渐增大而混凝土（再生混凝土）起的作用减小且扁钢对型钢翼缘起到拉结作用，可以减缓型钢翼缘屈曲的发生。所以，应该尽可能将扁钢的宽厚值配置得稍大一些，至少不能在混凝土（再生混凝土）保护层脱落之前出现扁钢屈服，这样扁钢还可以有富余的强度用来减缓型钢翼缘的局部屈曲，在这里扁钢起到了约束混凝土（再生混凝土）和限制型钢翼缘屈曲的双重作用，对于改善 PEC 组合短柱的受力性能有利。

3.5　轴压柱承载力的计算方法

3.5.1　国外有关计算公式

加拿大规范提出的型钢部分包裹再生混凝土短柱极限承载力的计算公式为

$$C_{\mathrm{r}} = \Psi A_{\mathrm{c}} f_{\mathrm{c}}' + A_{\mathrm{se}} f_{\mathrm{y}} + A_{\mathrm{r}} f_{\mathrm{yr}} \tag{3.1}$$

$$\Psi = 0.85\left(0.96 + \frac{22}{b}\right) \qquad (0.85 \leqslant \Psi \leqslant 0.97) \tag{3.2}$$

$$A_{\mathrm{se}} = t_{\mathrm{w}}(d - 2t_{\mathrm{w}} + 4b_{\mathrm{e}}) \tag{3.3}$$

$$b_{\mathrm{e}} = b(1 + \lambda_{\mathrm{p}}^{2n})\left(-\frac{1}{n}\right) \tag{3.4}$$

$$\lambda_{\mathrm{p}} = \frac{b_{\mathrm{f}}}{t}\sqrt{\frac{f_{\mathrm{y}}}{720000k}} \tag{3.5}$$

$$k=\frac{1}{(s/b_{\mathrm{f}})^2}+0.62\left(\frac{s}{b_{\mathrm{f}}}\right)^2+0.74 \tag{3.6}$$

式中，C_{r}——短柱的轴向承载力；

Ψ——与混凝土圆柱体抗压强度有关的一个系数；

A_{c}、A_{se}、A_{r}——混凝土面积、H 型钢的有效面积、纵筋面积；

f_{c}'、f_{y}、f_{yr}——混凝土圆柱体抗压强度、钢板的屈服强度、纵筋的屈服强度；

b——H 型钢的截面宽度；

t_{w}——腹钢的截面高度；

b_{e}——半板的厚度；

d——H 型个翼缘的有效宽度；

n——屈曲影响系数；

b_{f}——翼缘的宽度；

s——两系杆的中心距；

λ_{p}——翼缘宽厚比参数；

k——板件屈曲系数。

欧洲相关规范中型钢部分包裹再生混凝土短柱的极限承载力的计算公式为

$$C_{\mathrm{r}}=0.85f_{\mathrm{c}}'A_{\mathrm{c}}+f_{\mathrm{y}}A_{\mathrm{a}}+f_{\mathrm{yr}}A_{\mathrm{r}} \tag{3.7}$$

式中，A_{a}——钢板毛截面面积。

3.5.2 承载力计算公式的建立

由于国内外在相关理论方面的差异，实践上并不能完全套用国外的计算公式，本章旨在结合试验研究，参考国内外相关规范，修正并建立、试算一套型钢部分包裹再生混凝土短柱的承载力计算公式。

1. 材料的力学模型

（1）混凝土的力学模型

本章试验中型钢部分包裹再生混凝土短柱的混凝土三面受到型钢的约束，而 PEC-7、PEC-8、PEC-9 这 3 根柱子在未受到型钢约束的一面配置了横向扁钢，对混凝土起到了一定的约束作用。型钢翼缘间混凝土的应力-应变(σ-ε)关系曲线采用改进 Kent-Park 模型，如图 3.66 所示。

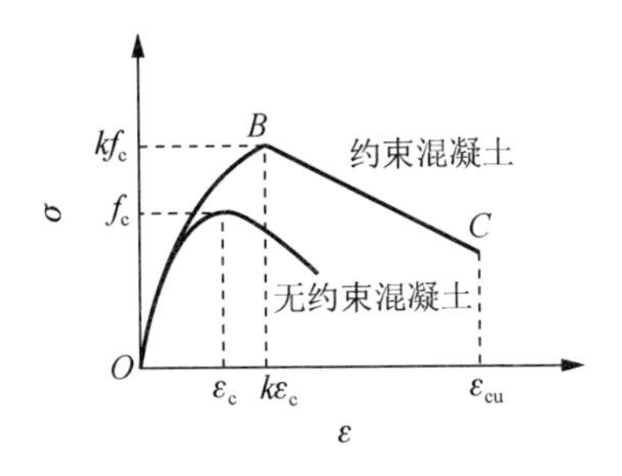

图 3.66　约束混凝土的应力-应变关系图

在 OB 段，当 $\varepsilon \leqslant k\varepsilon_c$ 时：

$$\sigma = kf_c\left[\frac{2\varepsilon}{k\varepsilon_c} - \left(\frac{\varepsilon}{k\varepsilon_c}\right)^2\right] \tag{3.8}$$

在 BC 段，当 $k\varepsilon_c < \varepsilon \leqslant \varepsilon_{cu}$ 时：

$$\sigma = kf_c\left[1 - Z_m(\varepsilon - k\varepsilon_c)\right] \tag{3.9}$$

式中，ε_c ——未受约束混凝土达到最大应力时对应的应变，取 0.002；

k——横向系杆的存在使混凝土强度增大的系数；

f_c ——混凝土轴心抗压强度；

Z_m ——BC 段下降的斜率。

$$k = 1 + \frac{\rho_{sv} f_{yv}}{f_c} \tag{3.10}$$

式中，ρ_{sv} ——体积配箍率；

f_{yv} ——横向系杆的屈服强度。

$$Z_m = \frac{0.5}{\dfrac{3 + 0.29f_c'}{145f_c' - 1000} + \dfrac{3}{4}\rho_{sv}\sqrt{\dfrac{h_c}{S}} - 0.002k} \tag{3.11}$$

式中，f_c' ——混凝土圆柱体抗压强度；

h_c ——横向系杆外缘所包围的混凝土宽度；

S ——横向系杆的间距。

$$h_c = B - t_w - 2a_s + 2d_v \tag{3.12}$$

式中，B——型钢的宽度；

t_w ——型钢腹板的厚度；

a_s ——横向系杆的混凝土保护层厚度；

d_v ——横向系杆的半径。

其中，Z_m 反映的是混凝土强度和箍筋约束混凝土程度，横向系杆的直径越大、间距越小，则横向系杆对混凝土的约束作用越大。

（2）型钢的力学模型

本章选用理想弹塑性状态下钢的应力-应变关系，即当应力小于强度设计值时为斜直线，而大于或等于强度设计值时为平直线，如图 3.67 所示。

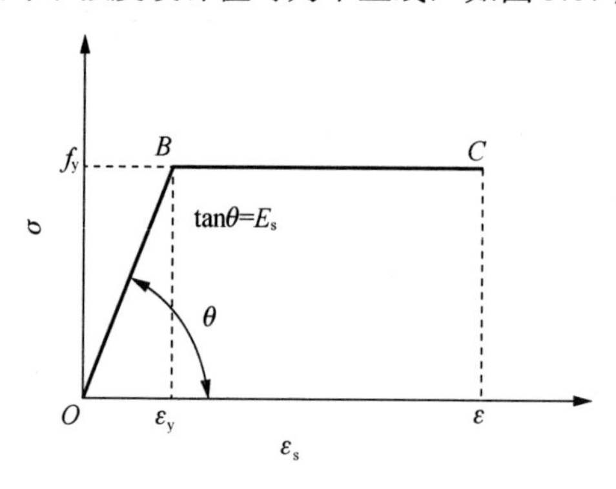

图 3.67　钢筋（型钢）应力-应变关系图

模型的数学表达式为

当 $\varepsilon_s \leqslant \varepsilon_y$ 时：

$$\sigma_s = E_s \varepsilon_s \tag{3.13}$$

当 $\varepsilon_y < \varepsilon_s \leqslant \varepsilon$ 时：

$$\sigma_s = f_y \tag{3.14}$$

式中，ε_s——钢筋或型钢的应变；

ε_y——钢筋或型钢的屈服应变；

ε——钢筋或型钢开始硬化时的应变；

σ_s——钢筋或型钢的应力；

E_s——钢筋或型钢的弹性模量；

f_y——钢筋或型钢的屈服强度。

2. 计算基本假定

本章将型钢部分包裹再生混凝土短柱截面划分为 H 型钢和约束混凝土两部分（混凝土面积=腹板净高×翼缘宽度），具体如图 3.68 所示。

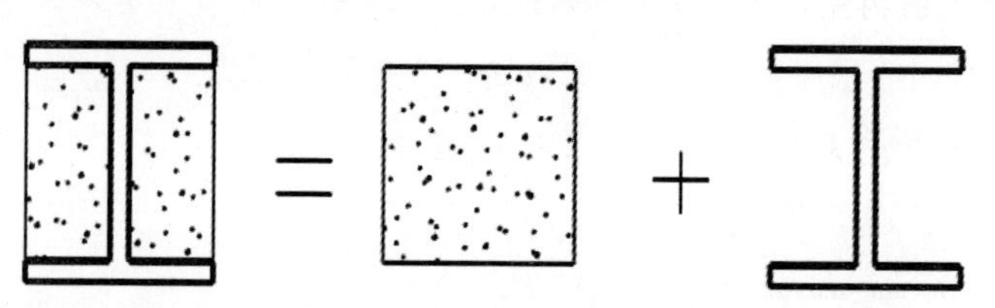

图 3.68　型钢部分包裹再生混凝土短柱截面的组成

为了计算简便，现做出如下假设：

1）构件变形后截面平均应变符合平截面假定。

2）不考虑混凝土的抗拉。

3）受压边缘混凝土极限压应变为 ε_{cu} =0.0033，相应的最大压应力取混凝土轴心抗压强度 f_c。

4）受压区应力图形简化为等效的矩形应力图（高度=0.8×平截面假定所确定的中和轴高度），矩形应力图的应力取混凝土轴心抗压强度 f_c。

5）型钢腹板的应力图形为拉、压梯形应力图形。

6）型钢应力取应变与其弹性模量的乘积但不大于其强度值。

3. 计算公式的建立

本章考虑了钢材和混凝土对承载力的共同作用，利用强度叠加方法并依据本次试验结果初步建立了型钢部分包裹再生混凝土短柱承载力的计算公式为

$$N_{u,p} = A_a f_a + A_s f_y + 1.05 A_c f_c \tag{3.15}$$

式中，1.05——考虑型钢对混凝土（再生混凝土）的约束作用或型钢和扁钢对混凝土（再生混凝土）的共同约束作用而使混凝土（再生混凝土）强度提高的一个系数；

A_c——混凝土面积；

f_c——混凝土轴心抗压强度，$f_c = 0.67 f_{cu}$，其中 f_{cu} 为混凝土立方体抗压强度；

A_a——H 型钢的面积；

f_a——钢材的屈服强度；

A_s——横向扁钢的面积；

f_y——横向扁钢的屈服强度。

影响混凝土（再生混凝土）强度提高的因素主要有型钢翼缘的外伸宽厚比和横向扁钢，式（3.15）中的混凝土（再生混凝土）强度提高系数与这两个因素均有关。由于试验试件数量较少，本章只是根据试验所得结果构造了一个具体的数值而未给出具体的表达式，研究者可以通过进一步试验来修正此值或建立与型钢翼缘的外伸宽厚比和横向扁钢有关的表达式。

型钢部分包裹再生混凝土轴压短柱极限承载力试验结果与公式计算结果对比见表 3.7。

表 3.7　型钢部分包裹再生混凝土轴压短柱极限承载力试验结果与公式计算结果对比

试件编号	型钢截面尺寸 $B\times H\times t_w\times t_f$ /（mm×mm×mm×mm）	极限承载力试验值 $N_{u,e}$ /kN	极限承载力计算值 $N_{u,p}$ /kN	$\frac{N_{u,p}}{N_{u,e}}$
PEC-1	150×150×3.2×6	1026	1180	1.15

续表

试件编号	型钢截面尺寸 $B \times H \times t_w \times t_f$ /（mm×mm×mm×mm）	极限承载力试验值 $N_{u,e}$ /kN	极限承载力计算值 $N_{u,p}$ /kN	$\frac{N_{u,p}}{N_{u,e}}$
PEC-2	150×150×3.2×6	1004	1135	1.13
PEC-3	150×150×3.2×6	1004	838	0.83
PEC-4	150×150×3.2×6	1115	1180	1.06
PEC-5	150×150×3.2×6	1131	1135	1.00
PEC-6	150×150×3.2×6	1033	838	0.81
PEC-7	150×150×3.2×6	1243	962	0.77
PEC-8	150×150×3.2×6	1277	1304	1.02
PEC-9	150×150×3.2×6	1270	1260	0.99
PEC-10	150×150×3.2×6	1110	1163	1.05
PEC-11	150×150×3.2×6	1151	1038	0.90
PEC-12	150×150×3.2×6	1110	1210	1.09

注：t_f —翼缘厚度。

由表 3.7 可知，极限承载力公式计算值与试验值的比值（$N_{u,p}/N_{u,e}$）的平均值为 0.98，标准差为 0.13，且公式计算的极限承载力值要较试验值偏于安全，即可以用来预估型钢部分包裹再生混凝土组合短柱的极限承载力。上述结论验证了依据强度叠加的方法建立的承载力计算公式更清晰、简便、易懂，且精度高，因而具有一定的可行性。

第4章　火灾（高温）后型钢部分包裹再生混凝土柱轴压性能研究

4.1　概　　述

随着经济的发展，建筑密度和高度不断增加，建筑火灾事故频发。火灾中，发生坍塌破坏的房屋较少，绝大多数房屋在受火后可以通过损伤评定进行修复加固，而建筑结构中的柱子性能决定了整个建筑的安全系数，对于建筑火灾灾后评估研究最为基础和重要的是火灾后柱的力学性能及承载力研究。为了研究火灾后型钢部分包裹再生混凝土柱的轴压性能，本章通过试验，研究了其剩余承载能力、轴压刚度、位移延性等力学性能指标，以及再生粗骨料取代率、温度、受火时间、连杆间距等因素的影响。

4.2　试 件 概 况

4.2.1　试件设计与制作

本试验共设计了22个试件，所有试件的截面尺寸均为125mm×125mm，长度为300mm，试验中主要考虑再生粗骨料取代率、温度、受火时间、连杆间距等变化参数，研究火灾后型钢部分包裹再生混凝土柱的轴压受力性能。试件的截面形式如图4.1所示。

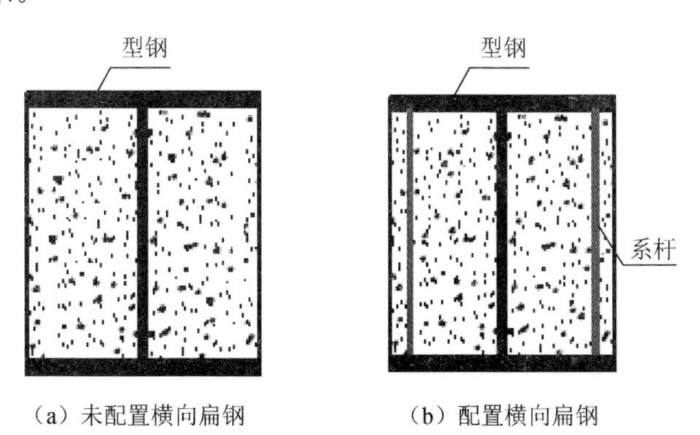

（a）未配置横向扁钢　　（b）配置横向扁钢

图4.1　试件的截面形式

试件的主要参数见表4.1。试验所采用的型钢为普通焊接H型钢，其截面尺寸为 125mm×125mm×6.5mm×9mm，连杆均采用直径为 10mm 的热轧带肋钢筋。再生混凝土采用强制搅拌机拌制，试件浇筑完成后自然养护 28 天。

表 4.1　试件的主要参数

试件编号	再生粗骨料取代率/%	温度/℃	受火时间/min	连杆间距/mm
PEC-1	0	常温	—	—
PEC-2	0	200	60	—
PEC-3	0	400	60	—
PEC-4	0	600	60	—
PEC-5	0	600	30	—
PEC-6	0	600	120	—
PEC-7	50	常温	—	—
PEC-8	50	200	60	—
PEC-9	50	400	60	—
PEC-10	50	600	60	—
PEC-11	50	600	30	—
PEC-12	50	600	120	—
PEC-13	100	常温	—	—
PEC-14	100	200	60	—
PEC-15	100	400	60	—
PEC-16	100	600	60	—
PEC-17	100	600	30	—
PEC-18	100	600	120	—
PEC-19	0	600	60	50
PEC-20	0	600	60	100
PEC-21	100	600	60	50
PEC-22	100	600	60	100

4.2.2　试验材料的力学性能

再生混凝土的试验材料包括天然和再生粗骨料、河砂、普通硅酸盐水泥、城市自来水。再生粗骨料由废弃混凝土试件经机械破碎、清洗和筛分而得。再生和天然粗骨料混凝土按 C30 配制。配合比设计以再生粗骨料取代率 0 为基准，对不同再生粗骨料取代率的再生混凝土，在粗骨料总质量不变的前提下仅改变再生与天然粗骨料的比例，其他材料保持不变，且均采用同一水灰比 0.43。再生混凝土配合比见表 4.2。高温后再生混凝土立方体抗压强度试验方法参照《普通混凝土力学性能试验方法标准》（GB/T 50081—2002），结果见表 4.3。

表 4.2　再生混凝土设计配合比

再生粗骨料取代率/%	材料用量/（kg/m³）					
	水泥	砂	天然粗骨料	再生粗骨料	拌和水	附加水
0	430	555	1295	0	185	0
50	430	522	609	609	185	24
100	430	492	0	1149	185	46

表 4.3　再生混凝土立方体受压强度

再生粗骨料取代率/%	受火时间/min	受压强度/MPa			
		常温	200℃	400℃	600℃
0	30	—	—	—	19.5
	60	30.4	27.1	20.4	15.3
	120	—	—	—	13.6
50	30	—	—	—	18.1
	60	27.2	24.4	18.7	14.9
	120	—	—	—	12.3
100	30	—	—	—	16.9
	60	25.3	20.7	17.2	14.7
	120	—	—	—	11.0

本次试验用的钢材强度均采用 Q235B 级，其材性试验按照《金属材料　拉伸试验　第 1 部分：室温试验方法》（GB/T 228.1—2010）的规定进行。本次试验在东华理工大学结构工程实验室 500kN 液压式拉力试验机上进行，钢材力学性能指标见表 4.4。

表 4.4　钢材力学性能指标

材料名称	受火时间/min	屈服强度/MPa				极限强度/MPa			
		常温	200℃	400℃	600℃	常温	200℃	400℃	600℃
6.5mm钢板	30	—	—	—	312	—	—	—	428
	60	347	296	286	277	488	425	419	401
	120	—	—	—	225	—	—	—	342
9mm钢板	30	—	—	—	321	—	—	—	431
	60	348	311	299	285	482	437	406	391
	120	—	—	—	249	—	—	—	337
10mm钢筋	60	306	301	292	287	416	402	390	376

4.2.3　试验装置及方法

1. 升温装置及方法

升温装置采用江苏省苏州市江东精密仪器有限公司生产的 SRJX-12-9 电加热

炉，额定功率为 12kW，额定电压为 380V，最高升温温度为 1200℃，炉膛内尺寸为 500mm×300mm×200mm，如图 4.2 所示。试件在炉膛内升温时均为四面受火，并分批进行升温，试件两端面及端部 80mm 范围内涂刷防火涂料，以减少高温对其的影响。试验过程中试验炉内升温曲线如图 4.3 所示。

图 4.2　电加热炉

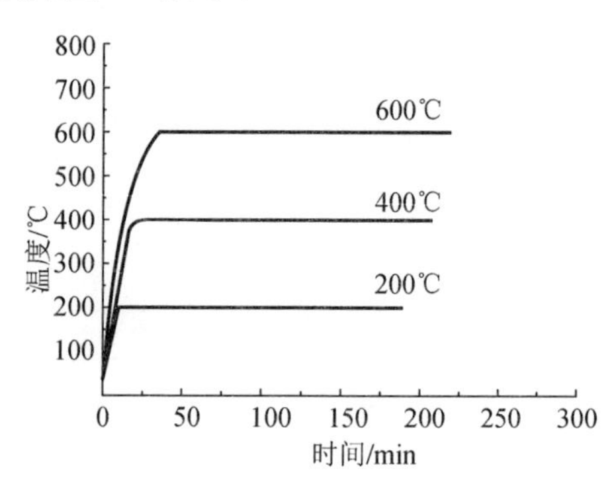

图 4.3　升温曲线

2. 加载装置及方法

试件养护 28 天后即采用电加热炉对其逐个加热，并经高温作用自然冷却至常温后，采用 300t 微机控制电液伺服试验机进行加载，如图 4.4 所示。采用位移控制的加载制度，加载速率为 0.01mm/s，并通过试验机的采集系统获取试件的 P-Δ 全过程曲线。

图 4.4　加载装置示意图

4.3　试验结果与分析

4.3.1　烧失量

高温作用后，混凝土中水泥水化物失去结晶水及 $CaCO_3$ 分解产生 CO_2，造成其质量会依据不同受火温度而减小。一般情况下，建筑火灾后，可以通过在受火构件及未受火构件表面凿取一定的混凝土并计算其烧失量，从而由混凝土的烧失量来估算其所经历的最高受火温度。

通过测量火烧前后试件的质量，可计算出试件的烧失量为

$$I = \frac{M - M_{\mathrm{f}}}{M} \times 100\% \tag{4.1}$$

式中，I ——试件烧失量，%；

M ——火烧前试件的质量，kg；

M_{f} ——火烧后试件的质量，kg。

表 4.5 为试件烧失量的计算结果。从表 4.5 可知，试件烧失量在 0.37%～5.18%，主要与再生粗骨料取代率和温度有关。

表 4.5　试件烧失量的计算结果

试件编号	再生粗骨料取代率/%	温度/℃	受火时间/min	烧失量/%
PEC-1	0	常温	—	0
PEC-2	0	200	60	0.38
PEC-3	0	400	60	2.38
PEC-4	0	600	60	3.35
PEC-5	0	600	30	2.84
PEC-6	0	600	120	3.41
PEC-7	50	常温	—	0
PEC-8	50	200	60	0.37
PEC-9	50	400	60	2.63
PEC-10	50	600	60	4.21
PEC-11	50	600	30	3.64
PEC-12	50	600	120	4.37
PEC-13	100	常温	—	0
PEC-14	100	200	60	0.39
PEC-15	100	400	60	3.52
PEC-16	100	600	60	5.03
PEC-17	100	600	30	4.50
PEC-18	100	600	120	5.18
PEC-19	0	600	60	2.65
PEC-20	0	600	60	2.93
PEC-21	100	600	60	4.73
PEC-22	100	600	60	4.77

图 4.5 为不同再生粗骨料取代率下各试件烧失量与温度的关系曲线。从图 4.5 中可看出：随着温度的不断升高，试件的烧失量不断增大，而且其增大速率呈现

先快后慢的趋势；试件经历 200℃后平均烧失量为 0.38%，经历 400℃后平均烧失量为 2.84%，经历 600℃后平均烧失量为 4.19%。此外，随着再生粗骨料取代率的不断增大，试件烧失量也不断增大。

图 4.6 为不同恒温时间下各试件烧失量变化曲线。从图 4.6 中可看出：恒温时间越长，试件烧失量越大，恒温时间为 120min 试件平均烧失量是恒温时间为 30min 试件平均烧失量的 1.18 倍；在同一恒温时间下，试件烧失量随着再生粗骨料取代率的不断增大而增大。

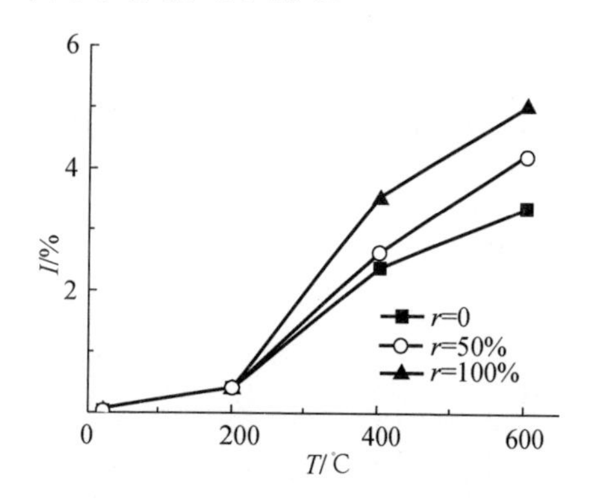

图 4.5 不同再生粗骨料取代率下各试件烧失量与温度的关系曲线

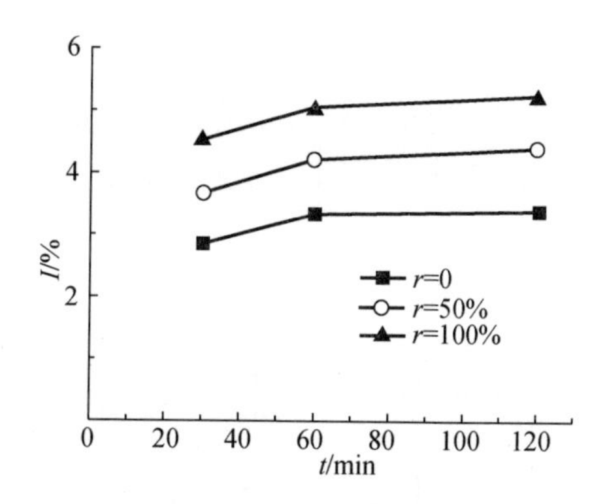

图 4.6 不同恒温时间下各试件烧失量变化曲线

国内外学者在进行了大量普通混凝土烧失量试验的基础上，提出了通过烧失量计算混凝土构件表面最高受火温度（T）的回归公式为

$$T = 1000 - 1000 \times \frac{\mathrm{IL}'}{\mathrm{IL}_0} \tag{4.2}$$

式中，IL'——过火混凝土试件烧失量；

IL_0——没有进行高温预处理的未过火混凝土试件烧失量。

目前，对于再生混凝土及其结构烧失量的研究相对较少。为此，作者基于实测烧失量试验数据进行回归分析，提出型钢部分包裹再生混凝土烧失量的计算公式为

$$I = (-0.932a + 0.0074bT) \times 100\% \tag{4.3}$$

其中：

$$a = 1 + 1.377r - 0.594r^2 \tag{4.4}$$

$$b = 1.0045 + 0.567r \tag{4.5}$$

式中，I——型钢部分包裹再生混凝土试件烧失量，%；

T——最高受火温度，℃；

a、b——再生粗骨料取代率影响系数。

采用上述公式计算本章试验试件烧失量，并与试验实测值进行对比，结果见表 4.6。

表 4.6　型钢部分包裹再生混凝土烧失量计算值与实测值对比

再生粗骨料取代率/%	温度/℃	实测值 I_t /%	计算值 I_c /%	I_c / I_t
0	200	0.38	0.55	1.45
0	400	2.38	2.04	0.86
0	600	3.35	3.53	1.05
50	200	0.37	0.47	1.27
50	400	2.63	2.38	0.90
50	600	4.21	4.28	1.02
100	200	0.39	0.56	1.44
100	400	3.52	2.99	0.85
100	600	5.03	5.32	1.06

根据混凝土烧失量及再生粗骨料取代率，由式（4.3）可算出型钢部分包裹再生混凝土构件所经历的最高受火温度为

$$T = \frac{I + 0.932a}{0.0074b} \tag{4.6}$$

4.3.2　高温后试件的外观变化

型钢部分包裹再生混凝土试件经历不同高温后的外观变化如图 4.7 所示。常温下，试件混凝土表面为青灰色，经历 200℃后试件混凝土表面颜色并无变化，经历 400℃后变为浅红色，经历 600℃后变为灰色；这表明试件经历高温后发生了物理状态的变化。同时，当温度达到 200℃时，由肉眼并未观察到裂缝；当温度达到 400℃时，在试件混凝土表面出现少量微小裂缝；当温度达到 600℃时，较多的微小裂缝出现在试件混凝土表面。

（a）20℃
（试件 PEC-1）

（b）200℃
（试件 PEC-2）

（c）400℃
（试件 PEC-15）

（d）600℃
（试件 PEC-10）

图 4.7　型钢部分包裹再生混凝土试件经历不同高温后的外观变化

4.3.3 试验过程及破坏形态

1. 试件 PEC-1

试验初始阶段时，型钢部分包裹再生混凝土柱没有明显的变化；随着压力的增大，当压力为 241kN 时，试件发出“吱吱”声；当压力为 440kN 时，试件南面上部东侧有一条斜裂缝，与东侧翼缘约成 60° 角；当压力为 557kN 时，试件南面中上部中间有一条竖向裂缝，向两边延伸发展；当压力为 588kN 时，试件南面中部中间有山丘形的弧形裂缝，与压力为 577kN 时所形成的裂缝交汇；当压力为 638kN 时，试件南面中上部西侧边缘有一条竖向裂缝，向两边延伸发展；当压力为 683kN 时，试件北面中上部西侧边缘有一条竖向裂缝，向两边延伸，发展至中部；当压力为 691kN 时，试件北面下部西侧边缘有一条竖向裂缝；当压力为 723kN 时，试件北面中下部东侧边缘有一条竖向裂缝，斜向下发展；当压力为 790kN 时，试件南面中下部中间有一条山丘状的弧形裂缝；当压力为 843kN 时，型钢两面混凝土向外凸出，并伴随混凝土脱落；当压力为 882kN 时，试件北面上部两侧翼缘向外鼓起，南面表面混凝土全部脱落，下部型钢两侧翼缘轻微向外鼓起；当压力为 887kN 时，试件北面上部型钢两侧翼缘向外鼓起明显增大，形似小括号，南面西侧翼缘中上部向外鼓起，东侧翼缘中部不向外鼓起，两侧翼缘中下部轻微向内紧缩；当压力为 800kN 时，型钢凸起变形加剧，北面混凝土明显被压碎破坏向外鼓出；当压力为 731kN 时，型钢两侧翼缘凸起变形急剧增大，内部混凝土基本被压碎破坏。其破坏过程如图 4.8 和图 4.9 所示。

图 4.8 试件 PEC-1 出现裂缝

图 4.9 试件 PEC-1 破坏

2. 试件 PEC-2

试验初始阶段时，型钢部分包裹再生混凝土柱没有明显的变化；随着压力的增大，当压力为 64kN 时，试件北面上部东侧有一条类似抛物线的裂缝，裂缝向下凸起；当压力为 472kN 时，试件北面上部西侧有两条竖向裂缝，并向下发展；当压力为 509kN 时，试件北面中上部东侧边缘有一条斜裂缝，并斜向下发展；当压力为 558kN 时，试件北面中上部中间偏东有一条竖向裂缝；当压力为 658kN 时，试件南面中下部东侧边缘有一条竖向裂缝；当压力为 671kN 时，试件南面上部有一条竖向裂缝延伸发展至中下部；当压力为 682kN 时，试件南面中下部中间偏西有一条斜裂缝；当压力为 693kN 时，试件南面中部西侧边缘有一条竖向裂缝，并斜向下发展；当压力为 725kN 时，试件南面上部西侧边缘有一条竖向裂缝；当压力为 784kN 时，试件北面中下部中间偏东有一条斜裂缝；当压力为 812kN 时，试件北面中下部有一条从东侧开裂的斜裂缝，与东侧翼缘约成 45° 角；当压力为 843kN 时，试件南、北两面有混凝土脱落；当压力为 885kN 时，试件南面中上部混凝土全部脱落；当压力为 903kN 时，试件北面表面混凝土全部脱落，南面上部型钢屈曲，北面中上部型钢屈曲；当压力为 873kN 时，试件南、北两面型钢内混凝土被压碎破坏向外鼓出并伴随混凝土脱落，型钢屈曲加剧；当压力为 817kN 时，试件南面型钢两侧翼缘上、下部明显向外鼓出，形似小括号，北面型钢中上部明显向外鼓出，形似小括号。其破坏过程如图 4.10 和图 4.11 所示。

图 4.10　试件 PEC-2 混凝土崩出

图 4.11　试件 PEC-2 破坏

3. 试件 PEC-3

试验初始阶段时，型钢部分包裹再生混凝土柱没有明显的变化；随着压力的不断增大，当压力为 333kN 时，试件发出“吱吱”声；当压力为 483kN 时，试件南面上部西侧出现一条斜裂缝，并斜向下发展；当压力为 493kN 时，试件南面中部偏西有一条斜裂缝，并斜向下发展；当压力为 519kN 时，试件北面上部偏东有一条与竖直方向成 30° 角的斜裂缝，并斜向下发展；当压力为 530kN 时，试件南面中上部中间偏西有一条斜裂缝，与 493kN 时形成的裂缝交汇，北面上部以下约 2.5cm 处有一条横向贯穿裂缝；当压力为 549kN 时，试件南面下部西侧边缘有一条斜裂缝，北面中部中间有一条竖向裂缝，并向下发展；当压力为 561kN 时，试件北面下部偏东有一条竖向裂缝，向两边延伸发展；当压力为 566kN 时，试件南面中下部偏东有一条斜裂缝，与东侧翼缘约成 45° 角，与 530kN 时形成的裂缝交汇；当压力为 581kN 时，试件南面中下部中间偏西有一条竖向裂缝；当压力为 749kN 时，试件南北两面混凝土向外凸起，并有混凝土脱落，且北面表面混凝土全部脱落；当压力为 874kN 时，试件南面表面混凝土全部脱落，南、北两面内部混凝土被压碎破坏而向外脱落，且型钢中部屈曲，下部也发生屈曲变形；当压力为 803kN 时，型钢屈曲明显加剧，且大量混凝土被压碎破坏而脱落；当压力为 743kN 时，试件内混凝土被破碎向外膨胀，型钢屈曲明显增大，从整体看大概呈波浪形。其破坏过程如图 4.12 和图 4.13 所示。

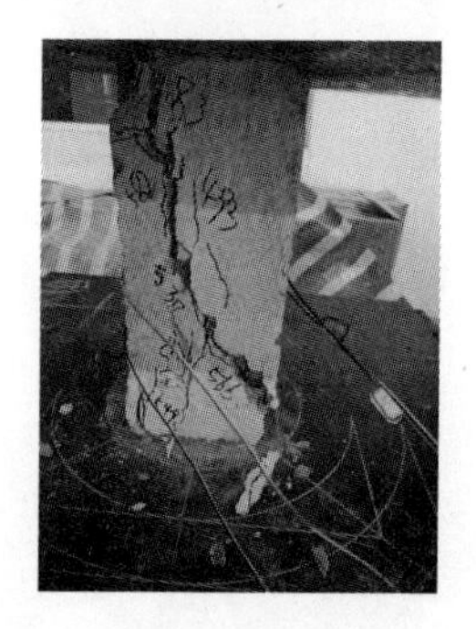

图 4.12　试件 PEC-3 混凝土开裂

图 4.13　试件 PEC-3 型钢屈曲

4. 试件 PEC-4

试验初始阶段时，型钢部分包裹再生混凝土柱没有明显的变化；随着压力不断增大，当压力为 291kN 时，试件发出“吱吱”声；当压力为 391kN 时，试件下部中间有一条竖向裂缝，并斜向上发展，形成一条类似“V”形的裂缝；当压力为 437kN 时，试件南面中下部东侧边缘有一条竖向裂缝，试件北面上部靠西有一条竖直向下的裂缝，并开叉分别向下、斜向下发展，斜向下的裂缝又开叉，分别斜向上、斜向下发展；当压力为 474kN 时，试件南面中部有一条横向裂缝，斜向下发展，与 437kN 时形成的裂缝交汇；当压力为 493kN 时，试件南面上部有一条竖向裂缝；当压力为 525kN 时，试件南面下部靠西有一条横向裂缝；当压力为 531kN 时，试件南面中上部有一条斜向上的裂缝；当压力为 542kN 时，试件南面中下部中间有一条斜向下的裂缝，与 391kN 时形成的裂缝交汇；当压力为 497kN 时，试件南、北两面有混凝土脱落；当压力为 693kN 时，试件南、北两面的混凝土被压碎破坏而大量脱落；当压力为 729kN 时，试件两侧型钢翼缘轻微屈曲；当压力为 775kN 时，试件北面表面混凝土基本脱落，南面表面混凝土脱落一大半；当压力为 784kN 时，H 型钢两侧翼缘中部屈曲增大，并伴随混凝土被压碎的“吱吱”声；当压力为 738kN 时，试件南面表面混凝土全部脱落，型钢屈曲加剧；当压力为 723kN 时，H 型钢内部混凝土被压碎破坏，混凝土基本大部分都向外脱落；当压力为 574kN 时，H 型钢内混凝土被压碎破坏，并都向外脱落，H 型钢屈曲明显加剧。其破坏过程如图 4.14 和图 4.15 所示。

图 4.14　试件 PEC-4 混凝土出现裂缝

图 4.15　试件 PEC-4 混凝土向外脱落

5. 试件 PEC-5

试验初始阶段时，型钢部分包裹再生混凝土柱没有明显的变化；随着压力的不断增大，当压力为 256kN 时，试件发出“吱吱”声；当压力为 302kN 时，试件北面西侧边缘有一条竖向裂缝，向下发展；当压力为 348kN 时，试件北面上部中间偏西有一条竖向裂缝，并向下发展；当压力为 407kN 时，试件北面中部偏西有一条竖向裂缝，向两边延伸发展，与 348kN 时形成的裂缝交汇；当压力为 434kN 时，试件北面下部有一条横向裂缝；当压力为 437kN 时，试件北面中下部中间有一条竖向裂缝；当压力为 485kN 时，试件北面中部有一条直角裂缝；当压力为 518kN 时，试件北面中下部偏西有一条竖向裂缝，并向两边延伸发展；当压力为 604kN 时，试件北面下部以上约 6cm 有一条从西侧开裂的横向裂缝；当压力为 613kN 时，试件南面上部中间偏东有一条弧形裂缝，斜向下发展；当压力为 615kN 时，试件南面西侧边缘有一条竖向裂缝，并向下延伸，发展至中下部；当压力为 616kN 时，试件南面中部偏西有一条竖向裂缝，并向两边延伸发展；当压力为 627kN 时，试件南面中下部偏西有一条竖向裂缝，并向两边延伸发展，与 616kN 时形成的裂缝交汇；当压力为 660kN 时，试件南、北两面有混凝土脱落，且混凝土轻微地向外凸出；当压力为 698kN 时，试件南、北两面混凝土大量脱落，试件内部混凝土被压碎破坏，明显向外鼓出；当压力为 763kN 时，试件南、北两面试件内混凝土向外脱落；当压力为 798kN 时，试件南面混凝土全部脱落；当压力为 810kN 时，试件北面混凝土全部脱落；当压力为 833kN 时，试件南面下部两侧的型钢翼缘向外鼓起，北面下部两侧型钢翼缘向外鼓起；南面下部以上约 4.5cm 处西侧型钢翼缘向内紧缩；当压力为 835kN 时，H 型钢屈曲明显加剧，南面中下部向内紧缩，下部向外鼓起，北面中下部向外明显鼓起，整体约成“奖杯”形。其破坏过程如图 4.16 和图 4.17 所示。

图 4.16　试件 PEC-5 混凝土竖向贯通

图 4.17　试件 PEC-5 混凝土向外崩出

6. 试件 PEC-6

试验初始阶段时，型钢部分包裹再生混凝土柱没有明显的变化；随着压力的不断增大，当压力为 291kN 时，试件发出“吱吱”声；当压力为 315kN 时，试件南面中部西侧有两条竖向裂缝，并向下发展；当压力为 405kN 时，试件南面中下部中间有一条竖向裂缝，并斜向下发展，下部东侧有一条竖向裂缝，并向上发展；当压力为 498kN 时，试件南面中上部中间有一条竖向裂缝，向两边延伸发展，与 405kN 时形成的裂缝交汇；当压力为 498kN 时，试件北面上部东侧有一条斜裂缝，与东侧翼缘约成 45° 角，斜向下发展，后横向发展；当压力为 520kN 时，试件北面中上部西侧有一条竖向裂缝，向下延伸，发展至中下部，中下部东侧有一条竖向裂缝，向两边延伸发展；当压力为 531kN 时，试件北面中下部西侧边缘有一条竖向裂缝，向上延伸，发展至中上部；当压力为 540kN 时，试件北面中下部中间有一条竖向裂缝；当压力为 732kN 时，试件南面混凝土被压碎破坏并向外鼓出，且伴随混凝土的脱落，北面混凝土外鼓；当压力为 726kN 时，试件北面上半部表面混凝土全部脱落，南面表面混凝土全部脱落；当压力为 790kN 时，试件南面中上部型钢两侧翼缘向外凸起，形似小括号，北面中下部型钢东侧翼缘向外鼓起；当压力为 779kN 时，试件南面中上部凸起增大，北面中下部凸起也增大，且北面中下部表面混凝土全部脱落；当压力为 753kN 时，试件南、北两面内部混凝土被压碎破坏而向外脱落，并伴随着“吱吱”声，北面西侧型钢翼缘下部向外鼓起，南面型钢两侧翼缘下部向内紧缩；当压力为 691kN 时，型钢南面中上部翼缘明显向外鼓起，中下部紧缩加剧，北面型钢东侧翼缘中下部向外鼓起急剧增大，西侧翼缘下部向外鼓起增大，中部向内紧缩；当压力为 635kN 时，试件各处凸起和紧缩明显增大，且试件内部混凝土基本全部被压碎破坏而向外脱落，并可看到型钢内部腹板。其破坏过程如图 4.18 和图 4.19 所示。

图 4.18　试件 PEC-6 型钢翼缘屈曲

图 4.19　试件 PEC-6 破坏

7. 试件 PEC-7

试验初始阶段时，型钢部分包裹再生混凝土柱没有明显的变化；随着压力的不断增大，当压力为 450kN 时，试件发出“吱吱”声；当压力为 523kN 时，试件南面中部中间出现一条斜裂缝，并斜向下发展；当压力为 552kN 时，试件南面上部中间有一条竖向裂缝，北面上部有一条横向贯穿裂缝；当压力为 558kN 时，试件南面中下部靠西侧分别出现两条竖向裂缝，并向上发展，北面中上部中间有一条竖向裂缝；当压力为 592kN 时，试件南面中下部中间有一条竖向裂缝；当压力为 650kN 时，试件南面上部中间靠东、西侧分别有两条竖向裂缝并伴随着细碎混凝土的脱落；当压力为 687kN 时，试件内部的混凝土压碎破坏，并有部分混凝土脱落；当压力为 899kN 时，试件内部混凝土被大量压碎，两侧翼缘发生屈曲变形；当压力为 827kN 时，试件内部混凝土基本被压碎破坏，而且混凝土向外凸出，型钢屈曲加剧；当压力为 750kN 时，试件内部混凝土向外脱落，型钢中部屈曲明显增大。其破坏过程如图 4.20 和图 4.21 所示。

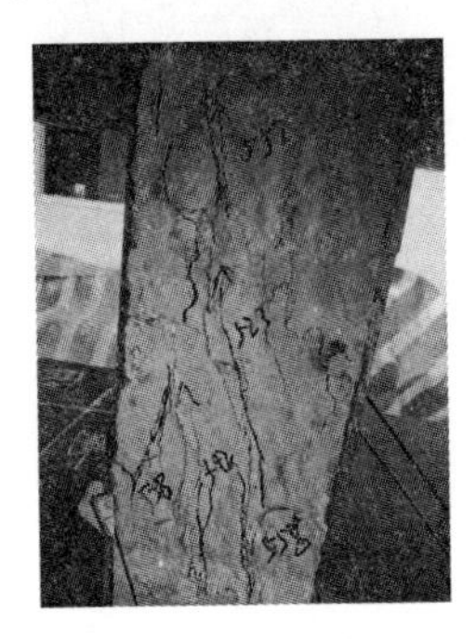

图 4.20　试件 PEC-7 混凝土出现裂缝

图 4.21　试件 PEC-7 混凝土掉落

8. 试件 PEC-8

试验初始阶段时，型钢部分包裹再生混凝土柱没有明显的变化；随着压力的不断增大，当压力为 443kN 时，试件发出“吱吱”声；当压力为 508kN 时，试件南面上部中间偏东有一条竖向的斜裂缝；当压力为 542kN 时，试件南面中部中间偏西有一条竖向裂缝，并向上发展；当压力为 581kN 时，试件南面下部东侧边缘有一条竖向裂缝，并向上发展；当压力为 608kN 时，试件南面下部西侧边缘有一条竖向裂缝；当压力为 680kN 时，试件南面上部西侧有一条竖向裂缝，并向下发展，与 542kN 时形成的裂缝交汇在一起；当压力为 745kN 时，试件南面中部中间靠东侧有一条竖向裂缝，并向两边延伸发展；当压力为 755kN 时，试件南面上部中间有一条竖向裂缝，并向下发展；当压力为 776kN 时，试件北面下部东侧有一条斜裂缝；当压力为 781kN 时，试件北面上部中间靠西有一条波浪形的裂缝；当压力为 834kN 时，试件南北两面试件表面有混凝土脱落；当压力为 861kN 时，试件南、北两面试件表面混凝土明显向外凸出，并伴随混凝土脱落；当压力为 899kN 时，型钢两侧翼缘下部发生屈曲变形；当压力为 926kN 时，试件内混凝土大量被压碎破坏而脱落，南面混凝土脱落较明显；当压力为 882kN 时，试件北面表面混凝土全部脱落，且型钢下部屈曲加剧，总体来说型钢中部屈曲较为明显。其破坏过程如图 4.22 和图 4.23 所示。

图 4.22　试件 PEC-8 混凝土出现裂缝

图 4.23　试件 PEC-8 混凝土崩出

9. 试件 PEC-9

试验初始阶段时，型钢部分包裹再生混凝土柱没有明显的变化；随着压力的不断增大，当压力为 336kN 时，试件发出“吱吱”声；当压力为 496kN 时，试件北面中下部有一条“人”字形裂缝；当压力为 552kN 时，试件北面中间偏东有一条竖向裂缝，并斜向下发展，西侧边缘有一条竖向裂缝；当压力为 621kN 时，试件北面中部有一条竖向裂缝，南面上部西侧有一条竖向裂缝，一直发展至中部；

当压力为768kN时，试件南面中部东侧有一条竖向裂缝，并向两边延伸发展；当压力为771kN时，试件南面下部西侧边缘有一条竖向裂缝，并斜向下发展；当压力为773kN时，试件南面下部中间有一条椭圆形的裂缝；当压力为805kN时，试件中下部中间有一条竖向裂缝；当压力为903kN时，试件南、北两面混凝土轻微地向外鼓出，并有混凝土脱落，相对而言，北面混凝土脱落较多；当压力为896kN时，试件南面型钢上部屈曲，北面型钢下部屈曲；当压力为831kN时，试件两面混凝土明显向外鼓出，型钢屈曲加剧，北面型钢内部混凝土被压碎破坏而脱落；当压力为756kN时，试件南面混凝土被压碎破坏向外鼓出，型钢屈曲明显增大南面上部形似小括号，中下部形似小括号；当压力为712kN时，试件南面中上部混凝土脱落。其破坏过程如图4.24和图4.25所示。

图4.24　试件PEC-9混凝土开裂

图4.25　试件PEC-9混凝土掉落

10. 试件PEC-10

试验初始阶段时，型钢部分包裹再生混凝土柱没有明显的变化；随着压力的不断增大，当压力为298kN时，试件发出“吱吱”声；当压力为399kN时，试件南面下部西侧边缘有一条竖向裂缝；当压力为466kN时，试件南面下部东侧边缘有一条竖向裂缝，并向上部发展；当压力为497kN时，试件南面中下部西侧有一条竖向裂缝，并斜向上发展，形成一条“V”形裂缝；当压力为526kN时，试件南面上部靠西侧有一条竖向裂缝，并开叉分别斜向下发展形成一条“入”字形裂缝；当压力为616kN时，试件北面上部中间偏东有一条竖向裂缝；当压力为662kN时，试件北面中间有一条竖向贯穿裂缝；当压力为725kN时，试件上部北面靠西侧有一条竖向裂缝，并向下发展；当压力为795kN时，试件北面下部靠西侧有一条竖向裂缝，并与725kN形成的裂缝交汇在一起；当压力为794kN时，试件两侧的混凝土向外鼓起，并有部分脱落，而且型钢翼缘两侧有明显的屈曲变形，试件整体看来形似沙漏。其破坏过程如图4.26和图4.27所示。

图 4.26　试件 PEC-10 混凝土斜向开裂

图 4.27　试件 PEC-10 型钢翼缘屈曲

11. 试件 PEC-11

试验初始阶段时，型钢部分包裹再生混凝土柱没有明显的变化；随着压力的不断增大，当压力为 116kN 时，试件发出“吱吱”声；当压力为 188kN 时，试件南面中上部有一条弧形裂缝；当压力为 207kN 时，试件南面中部中间有一条“人”字形裂缝；当压力为 255kN 时，试件南面中下部东侧有一条斜向下的裂缝；当压力为 277kN 时试件南面中上部中间有一条竖向裂缝，并斜向下发展；当压力为 309kN 时，试件南面下部西侧边缘有一条斜向上的裂缝，与西侧翼缘约成 15° 角；当压力为 409kN 时，试件南面下部中间有一条竖向裂缝；当压力为 460kN 时，试件南面中下部有一条斜裂缝，并斜向下发展；当压力为 521kN 时，试件南面上部中间有一条竖向裂缝，并向下发展；当压力为 571kN 时，试件南面下部有一条竖向裂缝，北面上部有一条竖向裂缝，并斜向下发展；当压力为 658kN 时，试件北面中部有一条斜裂缝，并向两边延伸发展，与竖向翼缘约成 30° 角；当压力为 706kN 时，试件北面下部东侧有一条竖向裂缝，并向上发展；当压力为 771kN 时，试件背面下部偏西有一条竖向裂缝；当压力为 827kN 时，试件北面下部有一条斜裂缝；当压力为 834kN 时，试件南面有混凝土脱落；当压力为 858kN 时，试件北面有混凝土脱落，且南、北两面混凝土被压碎破坏向外鼓出，型钢轻微屈曲；当压力为 869kN 时，试件南面下部以上约 6cm 的混凝土全部脱落，北面上部以上约 2cm 的混凝土全部脱落；当压力为 827kN 时，试件南、北两面型钢内的混凝土基本都被压碎破坏而向外鼓出脱落，南面型钢两侧翼缘中上部向外鼓出，形似小括号，北面型钢两侧翼缘中部向外鼓出，形似小括号；试件整体约呈“8”字形。其破坏过程如图 4.28 和图 4.29 所示。

图 4.28　试件 PEC-11 混凝土开裂

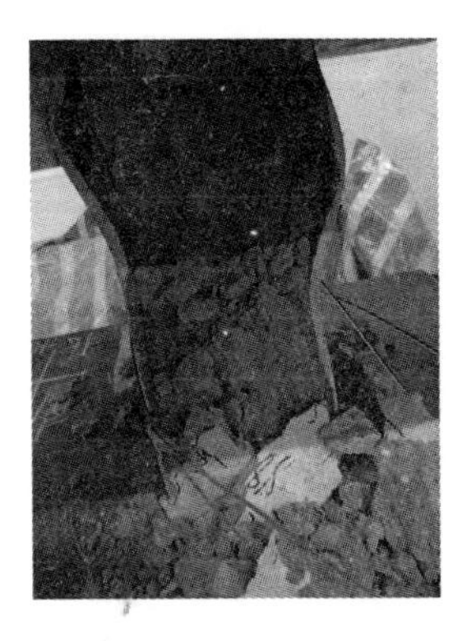

图 4.29　试件 PEC-11 型钢翼缘上部屈曲

12. 试件 PEC-12

试验初始阶段时，型钢部分包裹再生混凝土柱没有明显的变化；随着压力的不断增大，当压力为 38kN 时，试件发出“吱吱”声；当压力为 47kN 时，试件南面西侧边缘有一条竖向裂缝；当压力为 72kN 时，试件南面中间偏西有一条竖向裂缝；当压力为 78kN 时，试件南面中部中间有一条竖向裂缝，与 72kN 时形成的裂缝交汇；当压力为 104kN 时，试件南面中下部东侧边缘有一条竖向裂缝，并延伸发展至下部；当压力为 127kN 时，试件南面中上部有一条弧形裂缝；当压力为 199kN 时，试件南面上部有一条竖向裂缝，与 72kN 时形成的裂缝交汇；当压力为 258kN 时，试件南面中上部偏东有一条弧形裂缝；当压力为 383kN 时，试件北面下部西侧边缘有一条竖向裂缝；当压力为 422kN 时，试件北面中下部偏西有两条竖向裂缝；当压力为 427kN 时，试件北面中下部中间有一条竖向裂缝；当压力为 440kN 时，试件北面东侧边缘有一条竖向裂缝；当压力为 445kN 时，试件北面中上部中间偏东有一条竖向裂缝，与 440kN 时形成的裂缝交汇；当压力为 449kN 时，试件北面中上部东侧边缘有一条竖向裂缝；当压力为 459kN 时，试件北面中下部东侧边缘有一条竖向裂缝，并向两边延伸发展；当压力为 613kN 时，试件南、北两面有混凝土脱落，并且混凝土轻微向外鼓起；当压力为 728kN 时，试件南面中、上部混凝土全部脱落，北面下部以上约 6cm 的混凝土全部脱落，且型钢所包裹混凝土被压碎破坏，明显向外鼓出，并伴随混凝土脱落；当压力为 778kN 时，试件南面型钢上部、下部两侧翼缘有轻微屈曲，北面型钢中部两侧翼缘有轻微屈曲；当压力为 752kN 时，型钢各处屈曲加剧，试件内部混凝土基本被压碎破坏并向外脱落，南面型钢中部两侧翼缘向内紧缩，两端翼缘向外鼓起，北面型钢中部两侧翼缘向外鼓起，且下部鼓起；当压力为 685kN 时，试件南面型钢中上部混凝土全部脱落，可看见型钢内腹板，型钢屈曲明显加剧，北面型钢中上部混凝土脱落，可看见型钢内腹板。其破坏过程如图 4.30 和图 4.31 所示。

图 4.30　试件 PEC-12 混凝土开裂

图 4.31　试件 PEC-12 混凝土崩出

13. 试件 PEC-13

试验初始阶段时，型钢部分包裹再生混凝土柱没有明显的变化；随着压力的不断增大，当压力为 453kN 时，试件发出“吱吱”声；当压力为 682kN 时，试件南面下部中间出现一条“人”字形裂缝；当压力为 683kN 时，试件北面中下部东侧有一条斜裂缝，与东侧翼缘约成 20° 角，并向下发展；当压力为 693kN 时，试件北面中部偏下有一条横向裂缝；当压力为 716kN 时，试件南面下部东侧边缘有一条竖向裂缝，并斜向上发展；当压力为 730kN 时，试件南面中下部东侧有一条形似“？”的裂缝；当压力为 788kN 时，试件北面中下部表面混凝土脱落，南、北两面混凝土向外鼓出；当压力为 838kN 时，试件北面表面混凝土全部脱落，且型钢中上部发生屈曲变形，南面下部有混凝土脱落；当压力为 873kN 时，试件北面型钢内混凝土被压碎破坏而向外脱落，型钢中部屈曲加剧，形似小括号，南面下部型钢屈曲，混凝土明显地向外突出；当压力为 757kN 时，试件南面混凝土基本全部脱落，内部混凝土基本压碎破坏，试件南面下部型钢屈曲，形似小括号，北面中部型钢屈曲，形似小括号。其破坏过程如图 4.32 和图 4.33 所示。

图 4.32　试件 PEC-13 混凝土斜向开裂

图 4.33　试件 PEC-13 型钢翼缘屈曲

14. 试件 PEC-14

试验初始阶段时，型钢部分包裹再生混凝土柱没有明显的变化；随着压力的不断增大，当压力为 187kN 时，试件发出“吱吱”声；当压力为 206kN 时，试件南面上部中间有一条竖向裂缝，并向下发展；当压力为 217kN 时，试件南面中上部有一条竖向裂缝，与 206kN 时形成的裂缝交汇；当压力为 235kN 时，试件南面中部中间有一条“人”字形裂缝；当压力为 264kN 时，试件南面中部有一条横向裂缝；当压力为 276kN 时，试件南面中下部东侧有一条竖向裂缝，北面上部中间有一条“人”字形裂缝；当压力为 301kN 时，试件南面下部东侧边缘有一条竖向裂缝，分别向两边延伸发展；当压力为 423kN 时，试件北面中间有一条竖向贯穿裂缝，中下部有一条山丘形的横裂缝；当压力为 757kN 时，试件南、北两面有混凝土脱落；当压力为 820kN 时，试件南面中上部表面混凝土全部脱落，南、北两面混凝土向外凸出；当压力为 965kN 时，H 型钢两侧翼缘上、下部发生屈曲变形，并伴随混凝土脱落；当压力为 930kN 时，试件南面表面混凝土全部脱落，北面表面混凝土脱落一半左右，且两面的混凝土明显向外凸出，型钢翼缘上、下部屈曲明显加剧；当压力为 849kN 时，试件南北方向型钢所包裹的混凝土被压碎破坏并向外脱落，且型钢屈曲加剧，从整体看呈波浪形；当压力为 732kN 时，试件南、北两面型钢所包裹的混凝土向外脱落，型钢屈曲明显加剧，从整体看构件呈双波浪形。其破坏过程如图 4.34 和图 4.35 所示。

图 4.34　试件 PEC-14 混凝土出现开裂

图 4.35　试件 PEC-14 混凝土崩出

15. 试件 PEC-15

试验初始阶段时，型钢部分包裹再生混凝土柱没有明显的变化；随着压力的不断增大，当压力为 84kN 时，试件发出“吱吱”声；当压力为 98kN 时，试件南面上部中间有一条斜裂缝，并向下发展；当压力为 114kN 时，试件南面上部中间有一条形似“S”的裂缝；当压力为 129kN 时，试件南面中上部西侧边缘有一条竖向裂缝；当压力为 157kN 时，试件中上部东侧边缘有一条竖向裂缝；当压力为 182kN 时，试件中上部中间有一条斜裂缝；当压力为 204kN 时，试件南面下部东侧有一条竖向裂缝，且斜向上发展；当压力为 212kN 时，试件南面下部中间偏东有一条竖向裂缝；当压力为 390kN 时，试件北面中上部中间有一条波浪形裂缝；当压力为 479kN 时，试件北面上部以下约 5cm 处有一条横向裂缝；当压力为 480kN 时，试件北面上部以下约 2cm 处有一条横向裂缝，且向西发展，形成一条“人”字形裂缝；当压力为 541kN 时，试件北面中上部西侧有一条竖向裂缝，且斜向下发展；当压力为 698kN 时，试件南、北两面混凝土脱落并且轻微向外凸出；当压力为 821kN 时，试件南面中、上部混凝土全部脱落，两面的混凝土明显向外鼓出；当压力为 894kN 时，型钢中下部屈曲；当压力为 824kN 时，试件南面内部混凝土被压碎破坏向外鼓出并脱落，型钢屈曲加剧，南面中部形似小括号，北面中下部形似小括号；当压力为 752kN 时，试件北面表面混凝土全部脱落，内部混凝土被压碎破坏向外鼓出。其破坏过程如图 4.36 和图 4.37 所示。

图 4.36　试件 PEC-15 混凝土崩出

图 4.37　试件 PEC-15 型钢翼缘屈曲

16. 试件 PEC-16

试验初始阶段时，型钢部分包裹再生混凝土柱没有明显的变化；随着压力的不断增大，当压力为 288kN 时，试件发出“吱吱”声；当压力为 349kN 时，试件北面中下部东侧边缘有一条竖向裂缝，并斜向下发展；当压力为 369kN 时，试件南面上部有一条竖向裂缝，后发展成为“人”字形裂缝；当压力为 387kN 时，试件南面下部东侧有一条竖向裂缝，并向两边延伸发展；当压力为 392kN 时，试件南面中部中间有一条竖向裂缝，并向两边延伸发展，与 369kN 时形成的裂缝交汇；当压力为 393kN 时，试件南面上部西侧边缘有一条“人”字形裂缝；当压力为 395kN 时，试件北面中部中间有一条竖向裂缝，并向两侧延伸发展；当压力为 396kN 时，试件南面中下部中间偏东有一条竖向裂缝，并与 392kN 和 387kN 时形成的裂缝交汇；当压力为 454kN 时，试件南北两面有混凝土脱落，并且混凝土轻微向外鼓出；

当压力为 474kN 时，试件北面底部以上约 5cm 处的试件表面混凝土全部脱落，南面中上部东侧表面混凝土全部脱落；当压力为 793kN 时，试件型钢所包裹的混凝土被压碎破坏，并向外明显鼓出，且伴随混凝土的脱落，型钢两侧翼缘轻微屈曲；当压力为 808kN 时，试件型钢屈曲明显增大，型钢所包裹混凝土向外鼓出明显增大，北面下部型钢两侧翼缘向外鼓起，中部东侧向外鼓起，南面中部西侧向外鼓起，下部东侧向外鼓起，试件整体来看约呈波浪形。其破坏过程如图 4.38 和图 4.39 所示。

图 4.38　试件 PEC-17 混凝土开裂

图 4.39　试件 PEC-17 型钢翼缘屈曲

17. 试件 PEC-17

试验初始阶段时，型钢部分包裹再生混凝土柱没有明显的变化；随着压力的不断增大，当压力为 119kN 时，试件发出“吱吱”声；当压力为 393kN 时，试件北面下部中间偏东有一条斜裂缝，并斜向上发展，南面中部偏上的中间部位有一条竖向裂缝，中部偏下的中间部位有一条山丘状的弧形裂缝；当压力为 351kN 时，试件北面中部中间有一条竖向裂缝，并向下延伸，发展至底部，南面中下部西侧有一条竖向裂缝，中下部中间有一条竖向裂缝，并向两边延伸发展；当压力为 375kN 时，试件北面中上部东侧有一条竖向裂缝，且斜向上发展，发展成为一条山丘形的裂缝，凸起朝东侧，南面下部东侧有一条竖向裂缝，且向上发展；当压力为 400kN 时，试件北面中部中间偏西有一条“V”形裂缝，中上部西侧边缘有一条竖向裂缝，并向下发展；当压力为 434kN 时，试件南面上部中间偏东有一条斜裂缝，与竖直方向约成 30° 角；当压力为 546kN 时，试件南、北两侧内部的混凝土向外鼓起，并伴随少量混凝土脱落；当压力为 769kN 时，试件北面下半部表面混凝土全部脱落，中下部型钢两侧翼缘轻微向外凸出；当压力为 846kN 时，试件南面混凝土明显向外鼓出，北面中下部型钢凸起稍微增大，南面中上部西侧型钢翼缘向外鼓起；当压力为 874kN 时，试件北面中下部型钢凸起明显增大，形似小括号，南面中上部西侧型钢翼缘向外凸起，中部向内紧缩，中上部凸起增大，西侧翼缘形似波浪，中下部东侧翼缘向外凸起；当压力为678kN时，试件南面内部混凝土基本被压碎破坏，北侧中下部内部混凝土基本被压碎破坏，型钢各处凸起显著增大；当压力为614kN时，型钢各处凸起急剧增大，从南向北看，西侧翼缘形似波浪，东侧翼缘形似山丘，北面两侧翼缘形似小括号。其破坏过程如图4.40和图4.41所示。

图4.40　试件PEC-17混凝土崩出

图4.41　试件PEC-17型钢翼缘屈曲

18. 试件PEC-18

试验初始阶段时，型钢部分包裹再生混凝土柱没有明显的变化；随着压力的不断增大，当压力为115kN时，试件发出“吱吱”声；当压力为209kN时，试件北面中下部中间偏西有一条竖向裂缝，并向两边延伸发展；当压力为261kN时，试件北面上部东侧边缘有一条竖向裂缝，且斜向下发展；当压力为312kN时，试件北面中上部中间有一条斜裂缝；当压力为326kN时，试件北面中部西侧边缘有一条竖向裂缝，且向两边发展，同时下部西侧混凝土脱落；当压力为209kN时，试件南面下部中间有一条斜裂缝，并斜向上发展；当压力为261kN时，试件南面中下部东侧有一条竖向裂缝；当压力为314kN时，试件南面东侧边缘有一条斜裂缝；当压力为390kN时，试件南面中上部中间有一条斜裂缝，且向两边延伸发展；当压力为400kN时，试件南面西侧边缘有一条竖向裂缝，且向两边延伸发展；当压力为423kN时，试件南、北两面混凝土轻微向外凸出，并伴随混凝土脱落；当压力为540kN时，试件南、北两面混凝土明显向外凸出，型钢两侧翼缘有轻微变形；当压力为764kN时，试件南面中下部混凝土全部脱落，背面混凝土基本全部脱落，型钢中下部东侧翼缘向外鼓起；当压力为813kN时，试件南面底部型钢向两侧凸起，形似小括号，型钢两侧混凝土明显被压碎破坏并向外鼓起，同时伴随大量混凝土脱落；当压力为797kN时，试件南面底部型钢凸起增大，中下部向内紧缩，中上部轻微向外鼓起，北面中下部东侧翼缘凸起增大，中上部西侧翼缘向外凸起；当压力为 730kN 时，型钢西侧内部混凝土基本被压碎破坏，型钢两侧翼缘凸起明显增大，紧缩也加剧，从南向北看，试件整体约呈沙漏形。其破坏过程如图 4.42 和图 4.43 所示。

图 4.42　试件 PEC-18 混凝土掉落

图 4.43　试件 PEC-18 破坏

19. 试件 PEC-19

试验初始阶段时，型钢部分包裹再生混凝土柱没有明显的变化；随着压力的不断增大，当压力为 107kN 时，试件发出“吱吱”声；当压力为 214kN 时，试件南面底部中间有一条斜裂缝；当压力为 390kN 时，试件中下部有一条横向贯穿裂缝；当压力为 473kN 时，试件南面中下部西侧边缘有一条竖向裂缝，与 390kN 时形成的裂缝相交汇；当压力为 664kN 时，试件南面中部偏上有一条横向裂缝；当压力为 755kN 时，试件南面中上部有一条横向贯穿裂缝；当压力为 840kN 时，试件南面中部中间偏西有一条竖向裂缝，并向两边延伸发展，且分别与 390kN 时和 664kN 时形成的裂缝相交汇，北面中下部有一条横向裂缝，中下部中间有一条斜裂缝，先向上发展，后横向发展；当压力为 841kN 时，试件南面中下部混凝土脱落，连杆露出，北面中部混凝土脱落，连杆露出；当压力为 859kN 时，试件北面中部中间有一条斜裂缝，并向两边发展，与 840kN 时形成的裂缝交汇；当压力为 861kN 时，试件从上往下看，第一根连杆从西侧焊接处断开，第二、三根连杆分别从西侧、东侧焊接处断开，北面下部第一根连杆从东侧焊接处断开；当压力为 879kN 时，试件北面中上部中间偏东有一条竖向裂缝；当压力为 936kN 时，型钢南面中下部两侧翼缘向外鼓出，形似小括号，从下往上第四根连杆露出，北面底部东侧翼缘轻微向外鼓起，试件两面的混凝土都向外凸出；当压力为 931kN 时，型钢各处凸起明显增大，北面混凝土全部脱落，内部连杆全部露出。其破坏过程如图 4.44 和图 4.45 所示。

图 4.44　试件 PEC-19 混凝土出现裂缝

图 4.45　试件 PEC-19 破坏

20. 试件 PEC-20

试验初始阶段时，型钢部分包裹再生混凝土柱没有明显的变化；随着压力的不断增大，当压力为 459kN 时，试件发出“吱吱”声；当压力为 713kN 时，试件南面下部出现 3 条竖向裂缝，北面下部有裂缝产生；当压力为 821kN 时，试件南面、北面下部表面有混凝土脱落，南面下部第一根连杆从西侧翼缘断开；当压力为 724kN 时，试件南面表面大部分混凝土脱落，北面下部试件内部混凝土脱落，背面下部第一、二根连杆从西侧翼缘断开，型钢两侧翼缘都有屈曲变形。其破坏过程如图 4.46 和图 4.47 所示。

图 4.46　试件 PEC-20 混凝土掉落

图 4.47　试件 PEC-20 破坏

21. 试件 PEC-21

试验初始阶段时，型钢部分包裹再生混凝土柱没有明显的变化；随着压力的不断增大，当压力为 104kN 时，试件发出“吱吱”声；当压力为 202kN 时，试件南面下部西侧边缘有一条竖向裂缝，并向两边延伸发展；当压力为 282kN 时，试件南面上部西侧边缘有一条斜裂缝；当压力为 341kN 时，试件南面下部东侧边缘有一条竖向裂缝，先斜向上发展，后横向发展；当压力为 386kN 时，试件南面中上部中间有一条弧形裂缝；当压力为 422kN 时，试件北面中部偏西有一条斜裂缝，斜向上发展，后分叉一边横向发展，一边竖向发展，竖向发展裂缝与 386kN 时形成的裂缝交汇；当压力为 476kN 时，试件南面中部有一条横向裂缝，先横向发展，后竖向发展，形成直角裂缝；当压力为 549kN 时，试件南面中下部有一条横向裂缝；当压力为 675kN 时，试件北面下部有一条直角裂缝；当压力为 690kN 时，试件北面中下部东侧边缘有一条斜裂缝；当压力为 698kN 时，试件北面上部西侧边缘有一条竖向裂缝，且向下发展；当压力为 760kN 时，试件北面中部有一条倒“V”形裂缝；当压力为 761kN 时，试件北面上部中间有一条竖向裂缝，且斜向下发展；当压力为 913kN 时，试件南面下部混凝土脱落，同时上部有混凝土脱落，北面中上部混凝土全部脱落，露出连杆；当压力为 954kN 时，试件南面上、下部混凝土全部脱落，型钢北面中上部内部焊接的第一、二根连杆分别从东侧翼缘、西侧翼缘的焊接处断开，上部型钢向西侧凸出；当压力为 957kN 时，型钢两侧翼缘南面下、上部向外鼓起，下部第一根连杆从东侧焊接处断开；当压力为 896kN 时，试件南面上、下部两处凸起增大，北面上部型钢两侧翼缘明显向外鼓出，形似小括号；当压力为 853kN 时，试件南面上部第一根连杆从西侧焊接处断开，下部第二根连杆从东侧焊接处断开，中间的两根连杆露出表面；当压力为 813kN 时，试件北面中上部混凝土基本全部被压碎破坏而脱落，上部第二根连杆断落。其破坏过程如图 4.48 和图 4.49 所示。

图 4.48　试件 PEC-21 混凝土出现裂缝

图 4.49　试件 PEC-21 破坏

22. 试件 PEC-22

试验初始阶段时，型钢部分包裹再生混凝土柱没有明显的变化；随着压力的不断增大，当压力为 109kN 时，试件发出“吱吱”声；当压力为 301kN 时，试件南面上部中间有一条斜裂缝；当压力为 390kN 时，试件南面上部偏东有一条“V”形裂缝；当压力为 407kN 时，试件北面东侧边缘有一条竖向裂缝；当压力为 431kN 时，试件北面下部东侧边缘有一条竖向裂缝；当压力为 465kN 时，试件北面上部中间偏东有一条斜裂缝，并斜向下发展，发展成为一条山丘状的裂缝；当压力为 531kN 时，试件北面中部中间有一条竖向裂缝，并向下发展；当压力为 560kN 时，试件南面上部有一条斜裂缝；当压力为 565kN 时，试件北面上部中间偏西有一条竖向裂缝，并向下发展，且与 531kN 时形成的裂缝交汇；当压力为 577kN 时，试件北面中下部中间有一条斜裂缝，并向两边延伸发展；当压力为 775kN 时，试件南面中上部有一条横向裂缝，且斜向上发展，表面混凝土全部脱落，连杆全部露出，且 3 根连杆全部从东侧焊接处断开；当压力为 780kN 时，试件南面中部有一条横向裂缝上部中间有一条竖向裂缝；当压力为 817kN 时，试件南面内部混凝土被压碎破坏，且中部西侧翼缘向外鼓起，背面表面混凝土基本全部脱落，上部第一根连杆从西侧焊接处断开；当压力为 838kN 时，试件南面中部西侧翼缘鼓起增大，北面中上部两侧翼缘向外鼓起，形似小括号；当压力为 760kN 时，试件内部混凝土基本被压碎破坏，型钢两侧翼缘的凸起急剧增大，可看见型钢内部腹板。其破坏过程如图 4.50 和图 4.51 所示。

图 4.50　试件 PEC-22 混凝土出现裂缝

图 4.51　试件 PEC-22 破坏

4.3.4　试件的 P–Δ 曲线

1. 温度对 P–Δ 曲线的影响

图 4.52 为不同温度下试件的 P–Δ 曲线。从图 4.52 中可知：温度对试件的 P–Δ 曲线影响较大，总体上随着温度的不断升高，其峰值荷载不断降低，但峰值位移不断增大，且曲线形状趋向右边移动。此外，温度越高，试件的初始弹性模量越低。

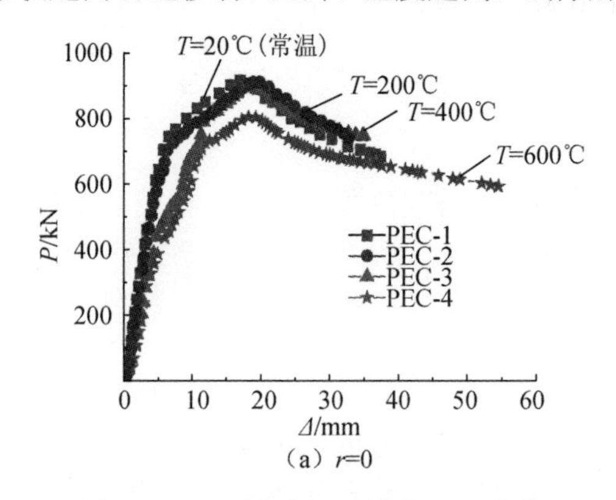

（a）r=0

图 4.52　不同温度下试件的 P–Δ 曲线

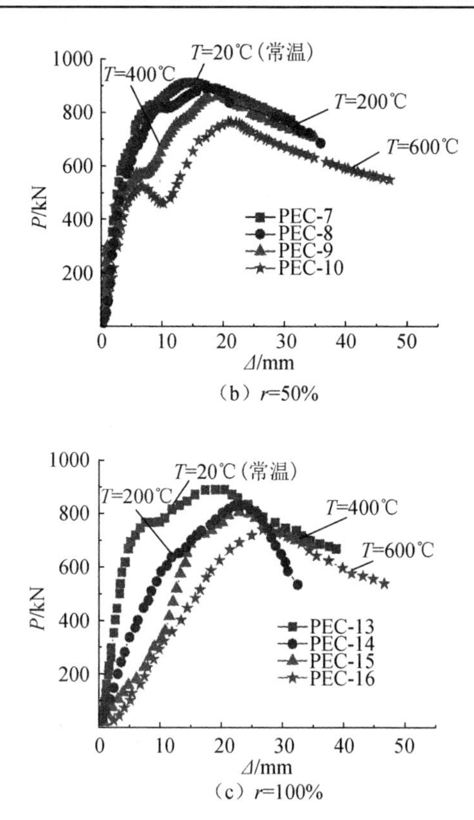

（b）r=50%

（c）r=100%

图 4.52（续）

2. 再生粗骨料取代率对 P–Δ 曲线的影响

图 4.53 为不同再生粗骨料取代率下试件的 P–Δ 曲线。从图 4.53 中可知：常温下再生粗骨料取代率对试件的 P–Δ 曲线影响不大；而经历高温后的试件，其 P–Δ 曲线受再生粗骨料取代率的影响较大；在同一高温下，再生粗骨料取代率越大，其峰值荷载越小，但其峰值位移越大。

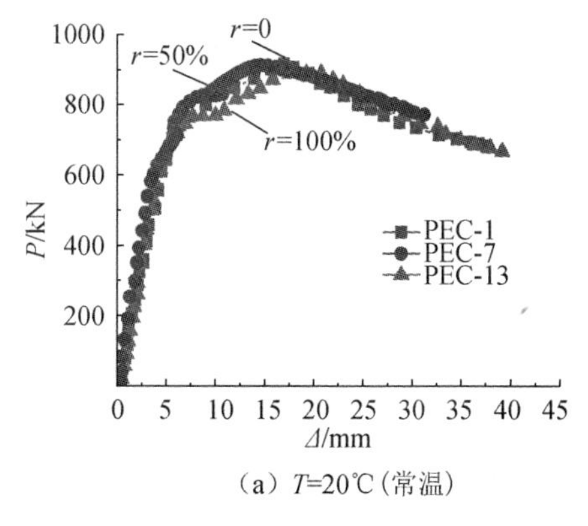

（a）T=20℃(常温)

图 4.53　不同再生粗骨料取代率下试件的 P–Δ 曲线

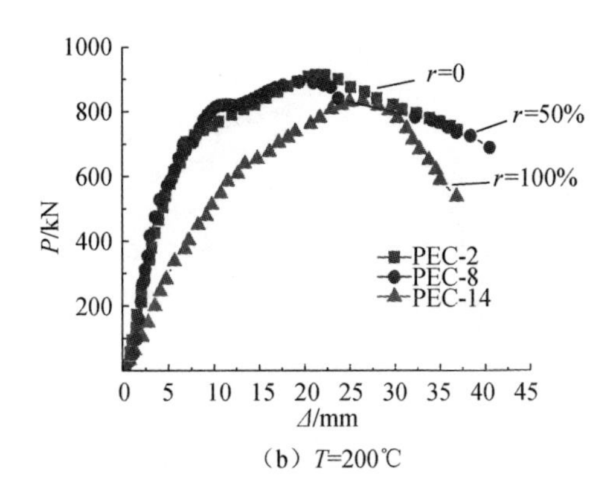

（b）T=200℃

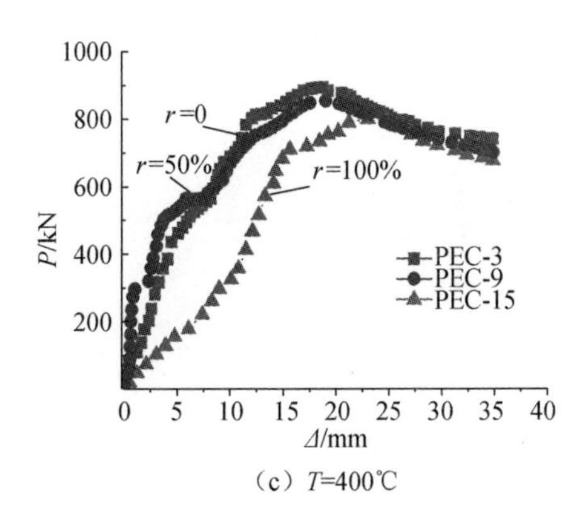

（c）T=400℃

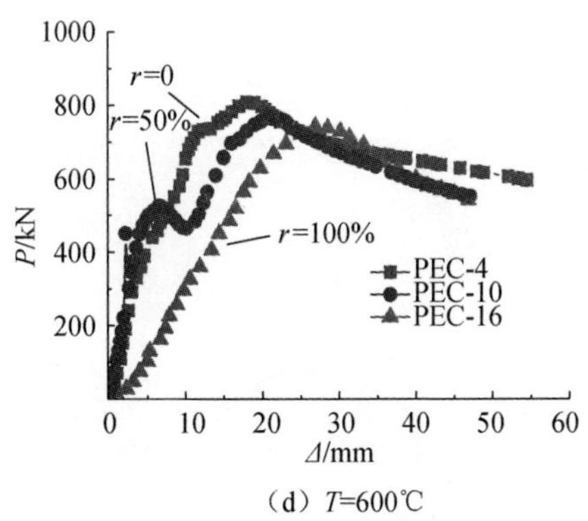

（d）T=600℃

图 4.53（续）

3. 恒温时间对 P–Δ曲线的影响

图 4.54 为不同恒温时间下试件的 P–Δ曲线。从图 4.54 中可知：恒温时间对试件的 P–Δ曲线影响较大；总体上说，恒温时间越长，其峰值荷载越小，但其峰值位移越大。

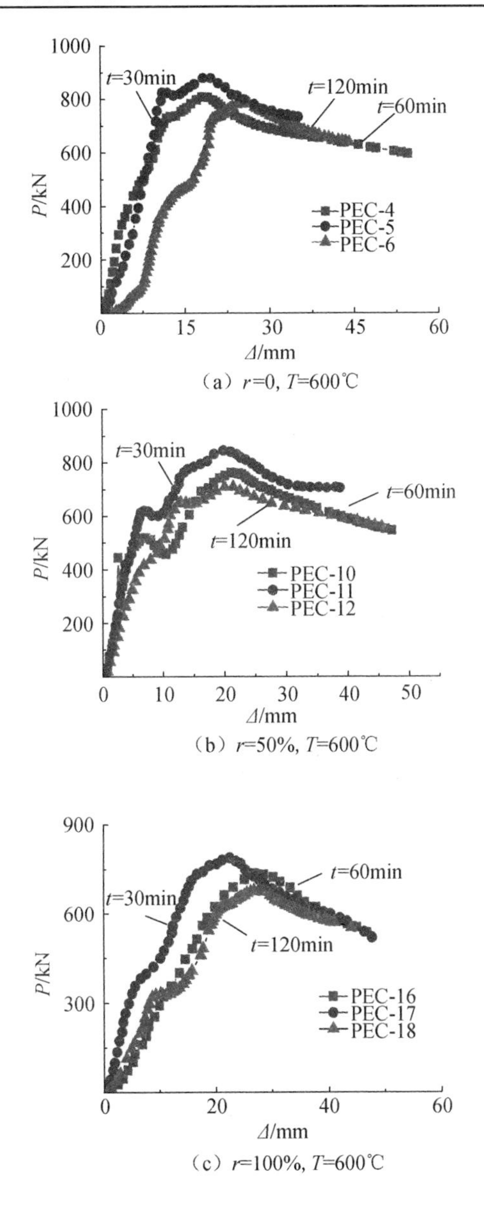

图 4.54　不同恒温时间下试件的 P–Δ曲线

4. 连杆间距对 P–Δ曲线的影响

图 4.55 为不同连杆间距下试件的 P–Δ曲线。从图 4.55 中可知：连杆间距对试件的 P–Δ曲线影响较大；总体上说，受连杆约束的试件，其峰值荷载大于未受连杆约束的试件，且连杆间距越小，其峰值荷载越大。同时可看出，连杆间距对再生粗骨料取代率为 100%的试件的 P–Δ曲线的影响要大于再生粗骨料取代率为 0 的试件。

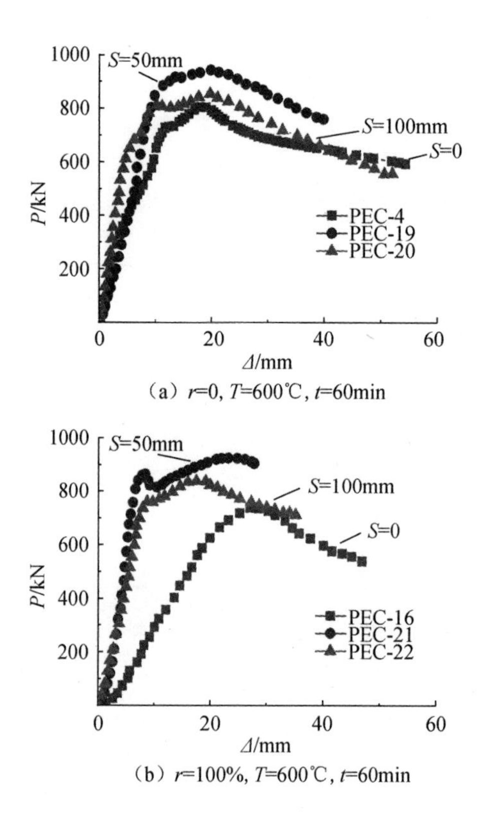

图 4.55　不同连杆间距下试件的 P-Δ曲线

4.3.5　试件受力的特征点参数

表 4.7 给出了试件遭受高温后受力的特征点参数，包括峰值荷载 N_u^T 、峰值位移Δ_p（峰值荷载所对应的位移）、初始刚度$(EA)^T$、位移延性系数 u、耗能 Q 等，其中初始刚度$(EA)^T$取 P-Δ曲线上升段 0.4 倍峰值荷载点的割线刚度；位移延性系数 $u=\Delta_u/\Delta_y$，Δ_u取荷载下降到 85%峰值荷载时所对应的位移，Δ_y取屈服位移值，其取值按照"通用屈服弯矩法"来确定；耗能采用实际做功大小来衡量。

表 4.7　试验主要特征点参数

试件编号	r/%	T/℃	N_u^T /kN	Δ_p/mm	$(EA)^T$/（kN/m）	Δ_y/mm	Δ_u/mm	u	Q/（kN·m）
PEC-1	0	常温	917.9	16.9	135.13	8.11	26.51	3.27	19.89
PEC-2		200	912.5	18.9	129.10	8.73	30.43	3.48	22.34
PEC-3		400	902.0	18.8	94.27	14.71	30.14	2.05	20.43
PEC-4		600	806.5	18.1	89.54	13.04	30.87	2.37	19.09
PEC-5		600	878.8	18.0	55.43	14.07	31.67	2.25	20.39
PEC-6		600	788.1	26.1	39.81	20.11	35.45	1.76	18.25

续表

试件编号	r/%	T/℃	N_u^T /kN	Δ_p/mm	$(EA)^T$/（kN/m）	Δ_y/mm	Δ_u/mm	u	Q/（kN·m）
PEC-7	50	常温	914.0	14.5	182.02	6.80	30.73	4.52	23.41
PEC-8		200	891.1	17.3	143.76	7.67	31.55	4.11	23.18
PEC-9		400	862.0	19.1	137.27	9.39	31.64	3.37	22.23
PEC-10		600	766.0	20.9	100.34	10.78	32.95	3.06	18.97
PEC-11		600	848.1	19.7	107.53	9.90	30.69	3.10	20.25
PEC-12		600	712.4	19.9	69.73	13.68	37.50	2.74	20.24
PEC-13	100	常温	893.5	19.2	141.04	7.68	29.93	3.90	22.09
PEC-14		200	832.0	23.5	65.96	15.94	28.57	1.79	16.74
PEC-15		400	807.7	23.1	32.25	14.90	34.98	2.35	18.96
PEC-16		600	741.6	26.9	29.62	24.51	37.64	1.54	17.86
PEC-17		600	793.9	22.5	67.06	17.92	31.38	1.75	17.38
PEC-18		600	685.0	27.7	35.24	24.64	39.22	1.59	17.96
PEC-19	0	600	946.1	20.1	74.43	11.37	36.39	3.20	27.32
PEC-20		600	856.3	19.9	128.35	7.94	32.58	4.10	23.34
PEC-21	100	600	928.7	23.1	96.76	7.81	30.86	3.95	23.67
PEC-22		600	841.8	17.5	90.08	9.20	34.96	3.80	23.91

4.3.6　峰值荷载分析

1. 温度对峰值荷载的影响

图 4.56 为不同再生粗骨料取代率下试件峰值荷载随温度变化的曲线（图中纵坐标 N_u^T / N_u^{20} 表示试件高温后与常温下的峰值荷载之比）。从图 4.56 中可知：试件所经历的最高温度对试件峰值荷载有影响显著，且随着温度的不断升高试件峰值荷载不断降低。当温度 T 为 200℃时，型钢部分包裹再生混凝土试件的峰值荷载降低幅度在 8%之内；当 200℃＜T≤400℃时，型钢部分包裹再生混凝土试件的峰值荷载降低幅度在 8%～11%；当 400℃＜T≤600℃时，型钢部分包裹再生混凝土试件的峰值荷载降低幅度在 11%～17%。同时，可发现：同一温度下，高温后型钢部分包裹再生混凝土试件的再生粗骨料取代率越大，其峰值荷载越小。

2. 再生粗骨料取代率对峰值荷载的影响

图 4.57 为不同温度下试件峰值荷载随再生粗骨料取代率变化的曲线。从图 4.57 中可知：常温及高温后试件的峰值荷载随着再生粗骨料取代率的不断增加而减小。在常温下，再生粗骨料取代率为 50%、100%的试件的峰值荷载比再生粗骨料取代率为 0 时分别降低 0.5%、2.7%；经历 200℃后，再生粗骨料取代率为 50%、100%的试件的峰值荷载是再生粗骨料取代率为 0 的试件的 0.97 倍、0.91 倍；经历 400℃

后，再生粗骨料取代率为50%、100%的试件的峰值荷载是再生粗骨料取代率为0的试件的0.95倍、0.89倍；经历600℃后，再生粗骨料取代率为50%、100%的试件的峰值荷载是再生粗骨料取代率为0的试件的0.94倍、0.91倍。总之，在600℃之内，型钢部分包裹再生混凝土柱试件的峰值荷载随着再生粗骨料取代率的增加而略有降低。

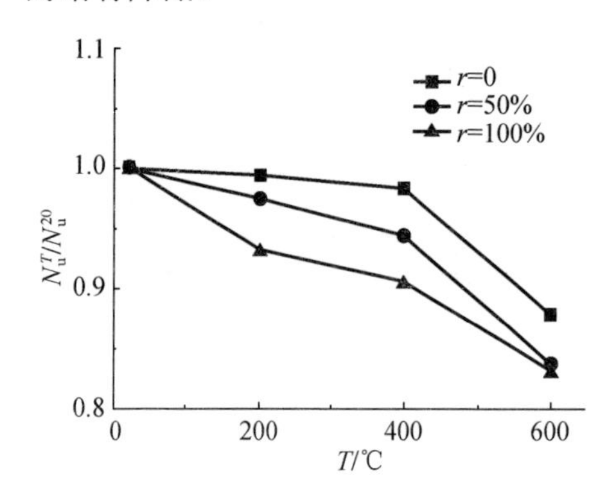

图4.56　温度对峰值荷载的影响

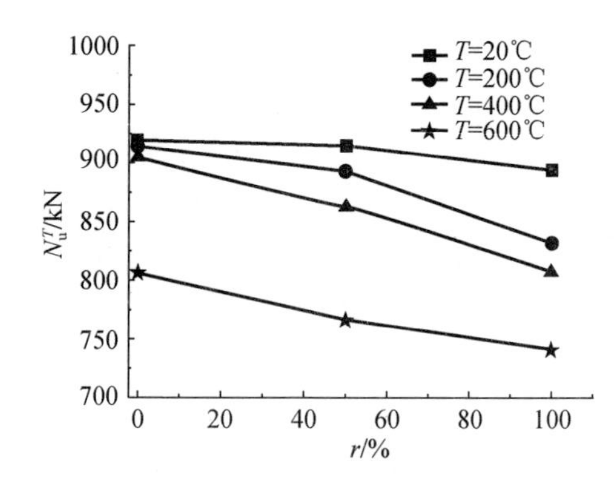

图4.57　再生粗骨料取代率对峰值荷载的影响

3. 最高温度持续时间对峰值荷载的影响

图4.58为不同再生粗骨料取代率下试件在温度600℃持续不同时间后的峰值荷载变化的曲线。从图4.58中可知：再生粗骨料取代率为0的试件经历恒温时间60min、120min后的峰值荷载分别是恒温时间30min后的峰值荷载的0.917倍、0.897倍；再生粗骨料取代率为50%的试件经历恒温时间60min、120min后的峰值荷载分别是恒温时间30min后的峰值荷载的0.903倍、0.84倍；再生粗骨料取代率为100%的试件经历恒温时间60min、120min后的峰值荷载分别是恒温时间30min后的峰值荷载的0.934倍、0.863倍。同时，从图4.58中可知：在同一恒温时间，再生粗骨料取代率越大的试件其峰值荷载越低。

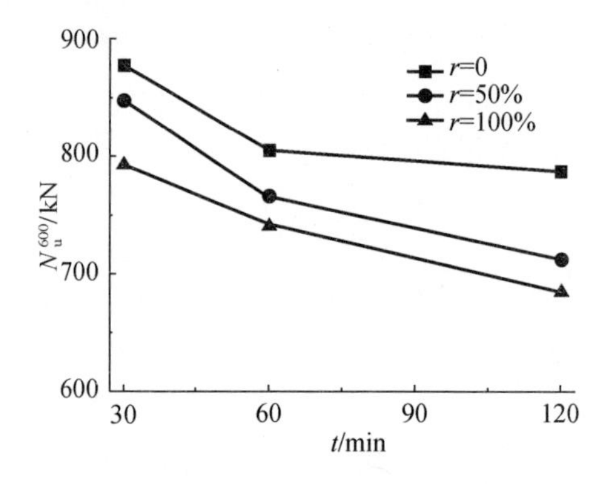

图4.58　最高温度持续时间对峰值荷载的影响

4. 连杆间距对峰值荷载的影响

图 4.59 为不同再生粗骨料取代率、不同连杆间距的试件在温度 600℃时的峰值荷载变化的曲线。从图 4.59 中可知：受连杆约束的试件峰值荷载要大于未受连杆约束的试件峰值荷载。另外，连杆间距越小，试件峰值荷载越大。再生粗骨料取代率为 0 的试件受 100mm、50mm 间距的连杆所约束后的峰值荷载分别是未受约束的试件峰值荷载的 1.06 倍、1.17 倍；再生粗骨料取代率为 100%的试件受 100mm、50mm 间距的连杆所约束后的峰值荷载分别是未受约束的试件峰值荷载的 1.14 倍、1.25 倍。

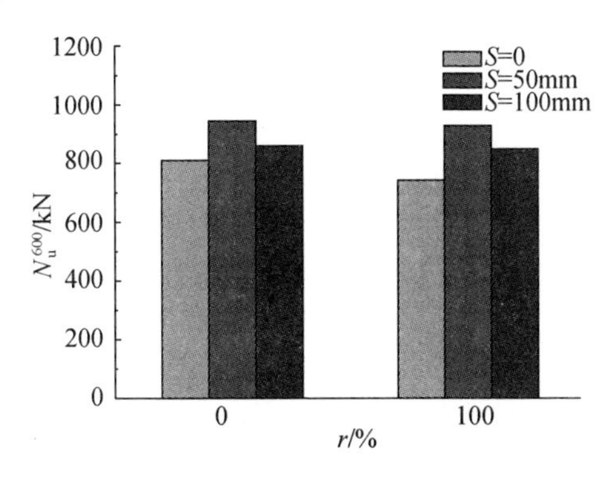

图 4.59　连杆间距对峰值荷载的影响

4.3.7　峰值位移分析

1. 温度对峰值位移的影响

图 4.60 为不同再生粗骨料取代率下试件峰值位移随温度变化的曲线。从图 4.60 中可知：再生粗骨料取代率为 0 的试件峰值位移随着温度的不断升高，其数值先增后降；而再生粗骨料取代率为 50%、100%的试件峰值位移随着温度的不断升高而增大；经历 200℃、400℃、600℃后，再生粗骨料取代率为 0 的试件峰值位移是常温试件的 1.12 倍、1.11 倍、1.07 倍，再生粗骨料取代率为 50%的试件峰值位移是常温试件的 1.19 倍、1.32 倍、1.44 倍，再生粗骨料取代率为 100%的试件峰值位移是常温试件的 1.22 倍、1.24 倍、1.40 倍。

2. 再生粗骨料取代率对峰值位移的影响

图 4.61 为不同温度下试件峰值位移随再生粗骨料取代率变化的曲线。从图 4.61 中可知：常温下，试件的峰值位移较为接近，再生粗骨料取代率对其影响不大；当再生粗骨料取代率为 50%时，试件经历的温度越高，其峰值位移越大。当再生粗骨料取代率为 100%时，试件经历的温度为 600℃时，其峰值位移最大；常温下试件的峰值位移最小；试件经历的温度为 200℃、400℃时，其峰值位移较为接近。

同一温度下，再生粗骨料取代率为100%的试件的峰值位移要大于再生粗骨料取代率为50%的试件。

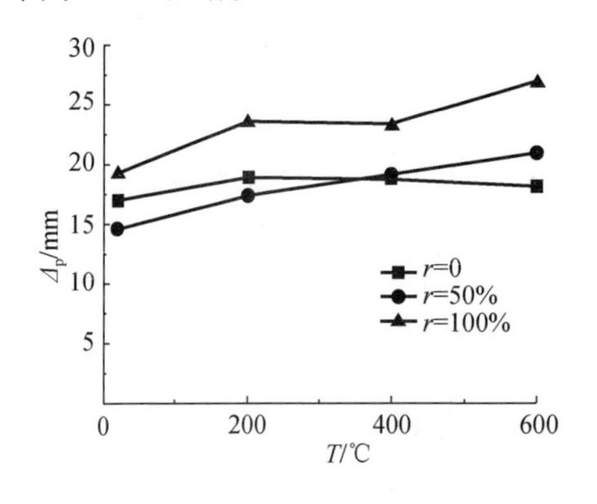

图4.60　温度对峰值位移的影响

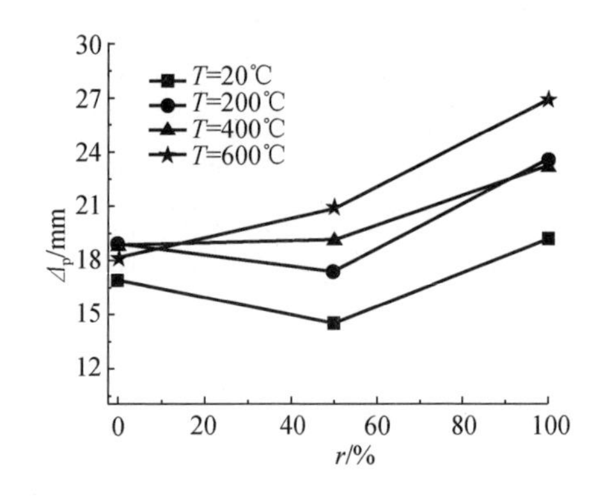

图4.61　再生粗骨料取代率对峰值位移的影响

3. 最高温度持续时间对峰值位移的影响

图4.62为不同再生粗骨料取代率下试件在温度600℃持续不同时间后的峰值位移变化的曲线。从图4.62中可知：最高温度持续时间对试件峰值位移有一定影响。再生粗骨料取代率为0的试件经历恒温时间60min、120min后的峰值位移分别是恒温时间30min后的峰值位移的1.001倍、1.45倍；再生粗骨料取代率为50%的试件经历恒温时间60min、120min后的峰值位移分别是恒温时间30min后的峰值位移的1.06倍、1.01倍；再生粗骨料取代率为100%的试件经历恒温时间60min、120min后的峰值位移分别是恒温时间30min后的峰值位移的1.196倍、1.23倍。

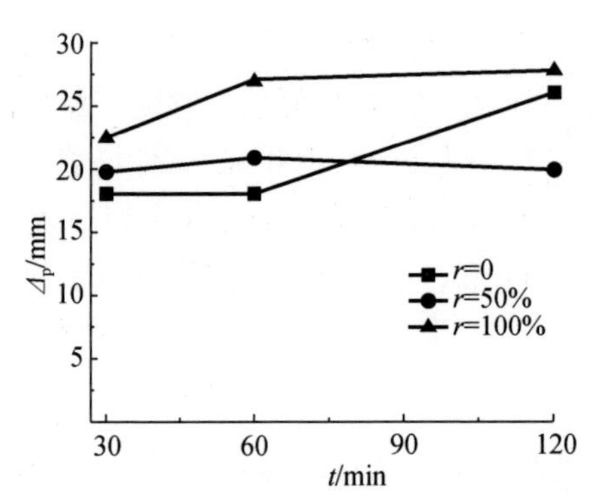

图4.62　最高温度持续时间对峰值位移的影响

4. 连杆间距对峰值位移的影响

图4.63为不同再生粗骨料取代率、不同连杆间距的试件在温度600℃时的峰值位移变化的曲线。从图4.63中可知：连杆间距大小对再生粗骨料取代率为0的

试件峰值位移影响不大，对再生粗骨料取代率为 100%的试件峰值位移影响较大。再生粗骨料取代率为 0 的试件受 50mm、100mm 间距的连杆所约束后的峰值位移分别是未受约束的试件峰值位移的 1.11 倍、1.09 倍；再生粗骨料取代率为 100%的试件受 50mm、100mm 间距的连杆所约束后的峰值位移分别是未受约束的试件峰值位移的 0.86 倍、0.65 倍。

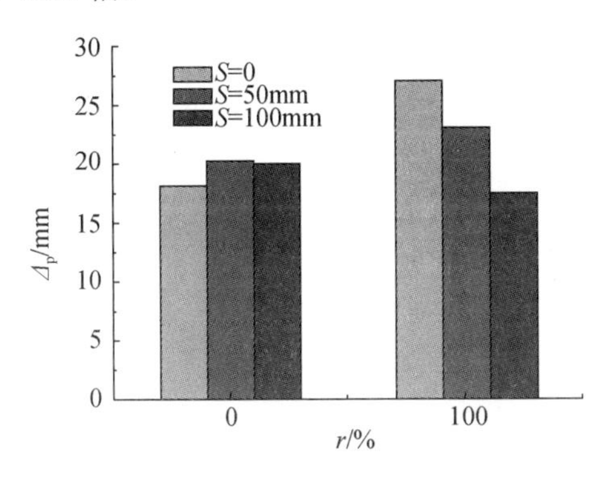

图 4.63　连杆间距对峰值位移的影响

4.3.8　初始刚度分析

1. 温度对初始刚度的影响

图 4.64 为不同再生粗骨料取代率下试件的刚度退化系数［$(EA)^T/(EA)^{20}$，即试件高温后与常温下初始刚度之比］随温度变化的曲线。从图 4.64 中可知：试件的初始刚度随着温度的不断升高而降低；温度越高，其初始刚度越低。再生粗骨料取代率为 0 的试件经历 200℃、400℃、600℃后，其初始刚度是常温下的 0.955 倍、0.697 倍、0.663 倍；再生粗骨料取代率为 50%的试件经历 200℃、400℃、600℃后，其初始刚度是常温下的 0.79 倍、0.75 倍、0.55 倍；再生粗骨料取代率为 100%的试件经历 200℃、400℃、600℃后，其初始刚度是常温下的 0.49 倍、0.23 倍、0.21 倍。

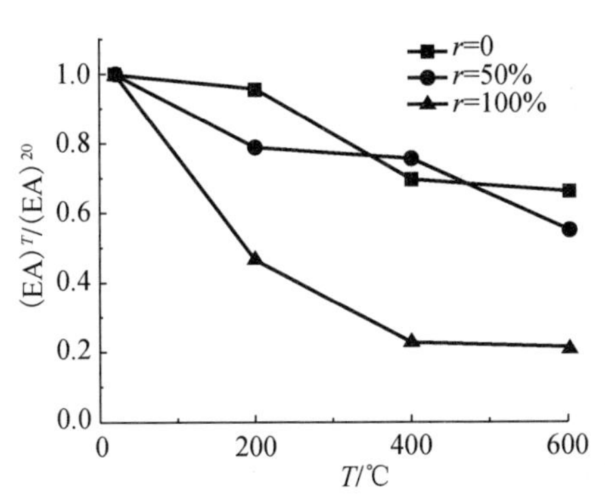

图 4.64　温度对初始刚度的影响

2. 再生粗骨料取代率对初始刚度的影响

图 4.65 为不同温度下试件的初始刚度与再生粗骨料取代率变化的曲线。从图 4.65 中可知：同一温度下，试件的初始刚度随着再生粗骨料取代率的不断增大而先升后降；在相同的再生粗骨料取代率下，试件经历的温度越高，其初始刚度越低。

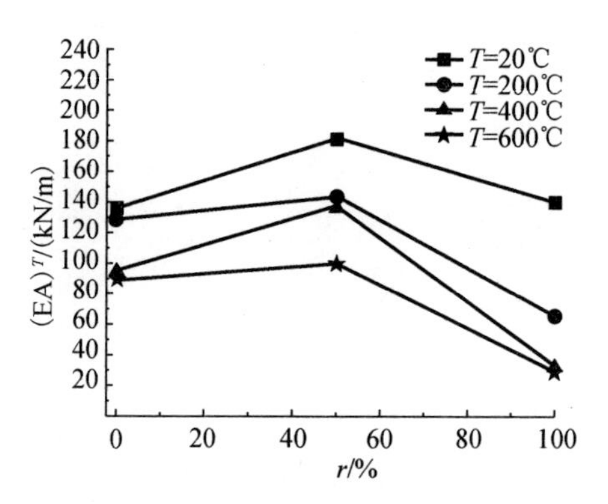

图 4.65　再生粗骨料取代率对初始刚度的影响

3. 最高温度持续时间对初始刚度的影响

图 4.66 为不同再生粗骨料取代率下试件在温度 600℃持续不同时间后的初始刚度变化的曲线。从图 4.66 中可知：最高温度持续时间对试件初始刚度影响较大。再生粗骨料取代率为 0 的试件的初始刚度随着最高温度持续时间的不断增大而先升后降，再生粗骨料取代率为 50%的试件的初始刚度随着最高温度持续时间的不断增大而不断降低；再生粗骨料取代率为 100%的试件的初始刚度随着最高温度持续时间的不断增大而先降后升。

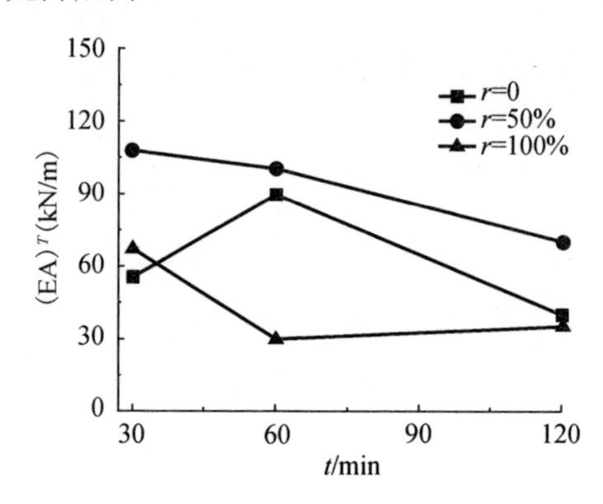

图 4.66　最高温度持续时间对初始刚度的影响

4. 连杆间距对初始刚度的影响

图 4.67 为不同再生粗骨料取代率、不同连杆间距的试件在温度 600℃时的初始刚度变化的曲线。从图 4.67 中可知：连杆间距大小对试件初始刚度影响较大。再生粗骨料取代率为 0 的试件受 50mm、100mm 间距的连杆所约束后的初始刚度分别是未受约束的试件初始刚度的 0.83 倍、1.43 倍；再生粗骨料取代率为 100%的试件受 50mm、100mm 间距的连杆所约束后的初始刚度分别是未受约束的试件初始刚度的 1.44 倍、1.34 倍。

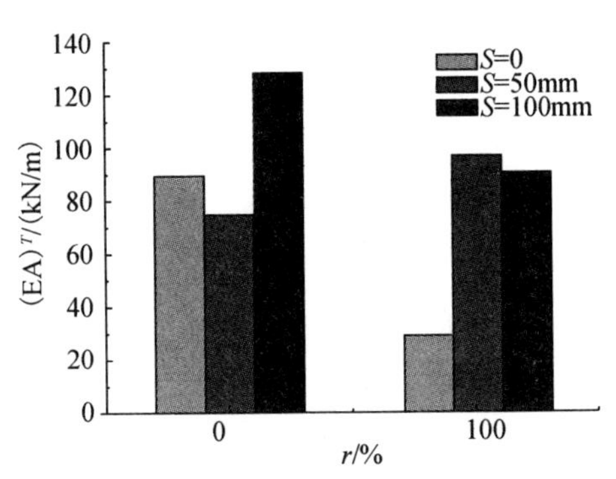

图 4.67　连杆间距对刚度的影响

4.3.9　延性分析

1. 温度对位移延性系数的影响

图 4.68 为不同再生粗骨料取代率下试件位移延性系数随温度变化的曲线。从图 4.68 中可知：温度对试件的位移延性系数影响较大。对于再生粗骨料取代率为 0 的试件，经历温度 200℃后，其位移延性系数最大；经历温度 400℃后，其位移延性系数最小。对于再生粗骨料取代率为 50%的试件，经历 400℃后，其位移延性系数最大；经历 600℃后，其位移延性系数最小。对于再生粗骨料取代率为 100%的试件，在常温下，其位移延性系数最大；经历 600℃后，其位移延性系数最小。

2. 再生粗骨料取代率对位移延性系数的影响

图 4.69 为不同温度下试件的位移延性系数随再生粗骨料取代率变化的曲线（图中纵坐标 u^T/u^{20} 表示试件高温后与常温下的位移延性系数之比）。从图 4.69 中可知：随着再生粗骨料取代率的不断增大，试件的位移延性呈先增大后减小的变化趋势。再生粗骨料取代率为 50%的试件，其延性最优；再生粗骨料取代率为 100%的试件，其延性最差。

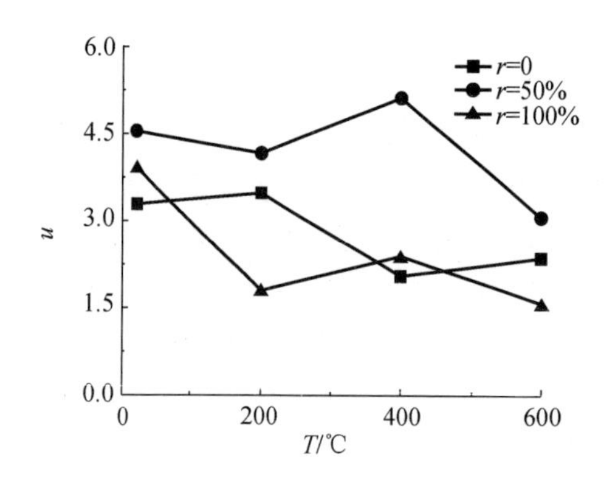

图 4.68　温度对位移延性系数的影响

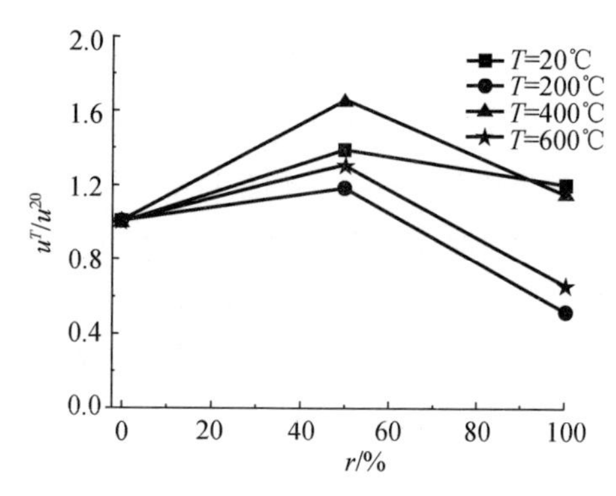

图 4.69　再生粗骨料取代率对位移延性系数的影响

3. 最高温度持续时间对位移延性系数的影响

图 4.70 为不同再生粗骨料取代率下试件在温度 600℃持续不同时间后的位移延性系数变化的曲线。从图 4.70 中可知：最高温度持续时间对试件位移延性系数有一定影响。再生粗骨料取代率为 0 的试件延性随着最高温度持续时间的增大而先增大后减小，再生粗骨料取代率为 50%的试件延性随着最高温度持续时间的增大而减小；取代率为 100%的试件延性随着最高温度持续时间的增大而先减小后增大。

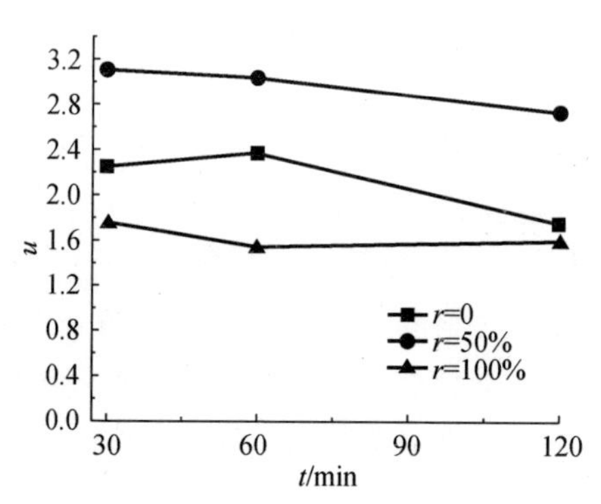

图 4.70　最高温度时间对位移延性系数的影响

4. 连杆间距对位移延性系数的影响

图 4.71 为不同再生粗骨料取代率、不同连杆间距的试件在温度 600℃时的位移延性系数变化的曲线。从图 4.71 中可知：连杆间距大小对试件位移延性系数影响较大。再生粗骨料取代率为 0 的试件受 50mm、100mm 间距的连杆所约束后的位移延性系数分别是未受约束的试件位移延性系数的 1.35 倍、1.73 倍；再生粗骨

料取代率为 100%的试件受 50mm、100mm 间距的连杆所约束后的位移延性系数分别是未受约束的试件位移延性系数的 2.56 倍、2.47 倍。

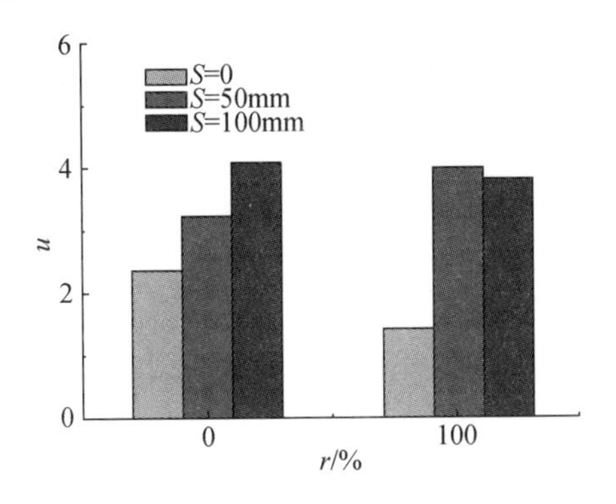

图 4.71　连杆间距对位移延性系数的影响

4.3.10　耗能分析

1. 温度对耗能能力的影响

图 4.72 为不同再生粗骨料取代率下试件耗能能力随温度变化的曲线（图中纵坐标 Q^T/Q^{20} 表示试件高温后与常温下的耗能之比）。从图 4.72 中可知：温度对试件的耗能能力影响较大，其影响规律与位移延性系数的影响规律类似。对于再生粗骨料取代率为 0 的试件，经历温度 200℃后，其耗能能力最强；经历温度 600℃后，其耗能能力最弱。对于再生粗骨料取代率为 50%的试件，在常温下，其耗能能力最强；经历 600℃后，其耗能能力最弱。对于再生粗骨料取代率为 100%的试件，经历温度 200℃后，其耗能能力最弱；在常温下，其耗能能力最强。

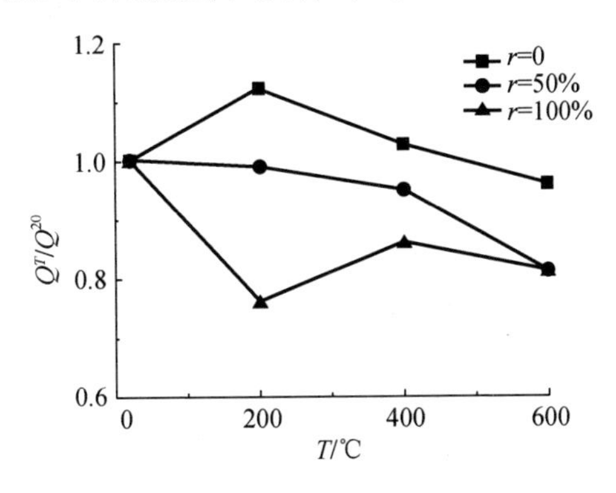

图 4.72　温度对耗能能力的影响

2. 再生粗骨料取代率对耗能能力的影响

图 4.73 为不同温度下试件的耗能能力随再生粗骨料取代率变化的曲线。从图 4.73 中可知：随着再生粗骨料取代率的增大，试件的耗能能力基本呈先增大后减小的变化趋势。再生粗骨料取代率为 50%的试件，其耗能能力最强；再生粗骨料取代率为 100%的试件，其耗能能力最弱。

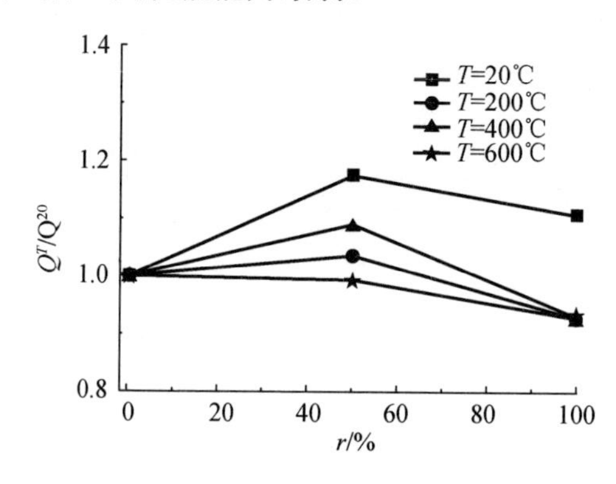

图 4.73　再生粗骨料取代率对耗能能力的影响

3. 最高温度持续时间对耗能能力的影响

图 4.74 为不同再生粗骨料取代率下试件在温度 600℃持续不同时间后耗能能力变化的曲线。从图 4.74 中可知：最高温度持续时间对试件耗能能力有一定影响。再生粗骨料取代率为 0 的试件耗能能力随着最高温度持续时间的不断增大而减少；再生粗骨料取代率为 50%的试件耗能能力随着最高温度持续时间的不断增大而先减后增；再生粗骨料取代率为 100%的试件耗能能力随着最高温度持续时间的不断增大而增大。

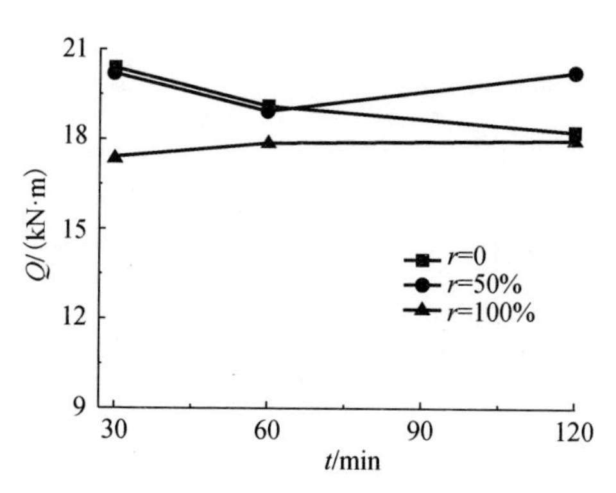

图 4.74　最高温度持续时间对耗能能力的影响

4. 连杆间距对耗能能力的影响

图 4.75 为不同再生粗骨料取代率、不同连杆间距的试件在温度 600℃时的耗能能力的变化曲线。从图 4.75 中可知：连杆间距大小对试件耗能能力影响较大。再生粗骨料取代率为 0 的试件受 50mm、100mm 间距的连杆所约束后的耗能能力分别是未受约束的试件耗能能力的 1.43 倍、1.22 倍；再生粗骨料取代率为 100%的试件受 50mm、100mm 间距的连杆所约束后的耗能能力分别是未受约束的试件耗能能力的 1.33 倍、1.34 倍。

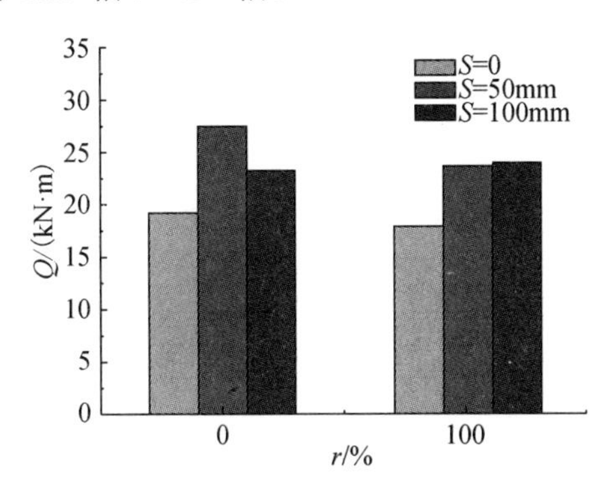

图 4.75　连杆间距对耗能能力的影响

4.4　高温后型钢部分包裹再生混凝土柱轴压承载力计算

基于材料高温后的承载力变化规律，修正常温下型钢部分包裹再生混凝土柱轴压承载力计算方法，可得到高温后型钢部分包裹再生混凝土柱轴压承载力计算方法。同时进行以下假设：

1）忽略型钢与混凝土之间的相对滑移。

2）截面温度场沿柱高度方向不变。

对本节材性试验数据进行数学拟合，将再生混凝土轴心抗压强度折减系数为

$$k_{cT}=\frac{f_{cT}}{f_c}=\left(\frac{t}{60}\right)^{2.93-2.42r}\left[1+(-6.58+1.5r-0.96r^2)\frac{T-20}{780}\right] \tag{4.7}$$

式中，k_{cT}——再生混凝土轴心抗压强度折减系数；

f_{cT}——高温后再生混凝土抗压强度，MPa；

f_c——常温下再生混凝土抗压强度，MPa。

t——恒温时间，min；

r——再生粗骨料取代率，%；

T——温度，℃。

根据叠加原理，初步得到型钢部分包裹再生混凝土轴心受压构件正截面承载力计算式为

$$k_{\mathrm{cT}}=\frac{f_{\mathrm{cT}}}{f_{\mathrm{c}}}=\left(\frac{t}{60}\right)^{-0.293+0.024r}\left[1+(-0.66+0.15r-0.096r^2)\frac{T-20}{780}\right] \tag{4.8}$$

$$k_{\mathrm{aT}}=\frac{f_{\mathrm{aT}}}{f_{\mathrm{a}}}=\left(\frac{t}{60}\right)^{-0.18}\left(1-0.27\frac{T-20}{780}\right) \tag{4.9}$$

$$N_{\mathrm{uT}}=k_{\mathrm{aT}}A_{\mathrm{a}}f_{\mathrm{a}}+1.05\xi k_{\mathrm{cT}}A_{\mathrm{c}}f_{\mathrm{c}} \tag{4.10}$$

式中，k_{aT}——高温后钢材屈服强度折减系数；

N_{uT}——高温后型钢部分包裹再生混凝土轴心受压构件正截面承载力；

1.05——考虑型钢对混凝土（再生混凝土）的约束作用系数；

A_{c}——混凝土面积；

f_{cT}——高温后混凝土轴心抗压强度，$f_{\mathrm{cT}}=0.67f_{\mathrm{cuT}}$（$f_{\mathrm{cuT}}$为高温后混凝土立方体抗压强度）；

A_{a}——H 型钢的面积；

f_{aT}——高温后钢材的屈服强度；

ξ——连杆约束系数，连杆间距为 50mm 时取 1.2，100mm 时取 1.1。

高温后型钢部分包裹再生混凝土轴压短柱极限承载力试验结果与公式计算结果见表 4.8。

表 4.8　高温后型钢部分包裹再生混凝土轴压短柱极限承载力试验结果与公式计算结果对比

试件编号	型钢截面尺寸 $B\times H\times t_{\mathrm{w}}\times t_{\mathrm{f}}$ /（mm×mm×mm×mm）	极限承载力试验值 N_{uT}/kN	极限承载力计算值 N_{cT}/kN	$N_{\mathrm{uT}}/N_{\mathrm{cT}}$
PEC-1	125×125×6.5×9	917.9	1190.4	0.771085
PEC-2	125×125×6.5×9	912.5	1104.0	0.82654
PEC-3	125×125×6.5×9	902.0	1008.0	0.894841
PEC-4	125×125×6.5×9	806.5	912.1	0.884223
PEC-5	125×125×6.5×9	878.8	1039.6	0.845325
PEC-6	125×125×6.5×9	788.1	800.5	0.98451
PEC-7	125×125×6.5×9	914.0	1176.1	0.777145
PEC-8	125×125×6.5×9	891.1	1093.3	0.815055
PEC-9	125×125×6.5×9	862.0	1001.4	0.860795
PEC-10	125×125×6.5×9	766.0	909.4	0.842314
PEC-11	125×125×6.5×9	848.1	1035.7	0.818866
PEC-12	125×125×6.5×9	712.4	798.8	0.891838
PEC-13	125×125×6.5×9	893.5	1167.6	0.765245
PEC-14	125×125×6.5×9	832.0	1086.1	0.766044
PEC-15	125×125×6.5×9	807.7	995.6	0.81127

续表

试件编号	型钢截面尺寸 $B\times H\times t_w\times t_f$ /（mm×mm×mm×mm）	极限承载力试验值 N_{uT} /kN	极限承载力计算值 N_{cT}/kN	N_{uT}/N_{cT}
PEC-16	125×125×6.5×9	741.6	905.0	0.819448
PEC-17	125×125×6.5×9	793.9	1029.7	0.771001
PEC-18	125×125×6.5×9	685.0	795.6	0.860985
PEC-19	125×125×6.5×9	946.1	1094.5	0.864413
PEC-20	125×125×6.5×9	856.3	1003.3	0.853484
PEC-21	125×125×6.5×9	928.7	1086.0	0.855157
PEC-22	125×125×6.5×9	841.8	995.5	0.845605

由表 4.8 可知，极限承载力公式试验值与计算值的比值（N_{uT}/N_{cT}）的平均值为 0.84，且公式计算的极限承载力值要较试验值偏于安全，即可以用来预估高温后型钢部分包裹再生混凝土组合短柱的极限承载力。

第 5 章　型钢部分包裹再生混凝土柱偏心受压性能研究

5.1　概　　述

为了研究型钢部分包裹再生混凝土柱的偏心受压性能，本章重点研究了再生粗骨料取代率（0、50%、100%）、偏心距（25mm、50mm、75mm）对型钢部分包裹再生混凝土柱强、弱轴方向的偏压性能和破坏模式的影响，同时分析了试件的极限承载力、荷载-应变曲线、荷载-跨中挠度曲线及荷载-纵向位移曲线。

5.2　试 件 概 况

5.2.1　试件设计与制作

型钢部分包裹再生混凝土柱的偏压试验共设计了 12 个试件，长度为 800 mm，其基本参数见表 5.1。试验中以再生粗骨料取代率、偏心距作为主要设计参数，试件采用的 H 型钢截面形式如图 5.1 所示，其为普通 H 型钢，截面尺寸为 125mm×125mm×6.5mm×9mm。

表 5.1　试件的基本参数

试件编号	强弱轴	长度/mm	混凝土强度等级	再生粗骨料取代率/%	偏心距/mm
PEC-1	弱轴	800	C30	0	25
PEC-2		800	C30	50	25
PEC-3		800	C30	50	50
PEC-4		800	C30	50	75
PEC-5		800	C30	100	25
PEC-6		800	C30	100	50
PEC-7	强轴	800	C30	0	25
PEC-8		800	C30	50	25
PEC-9		800	C30	50	50
PEC-10		800	C30	50	75
PEC-11		800	C30	100	25
PEC-12		800	C30	100	50

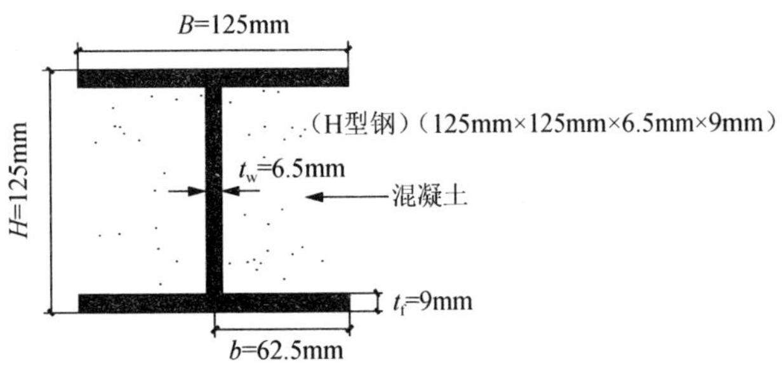

图 5.1　H 型钢截面形式

制作试件时，H 型钢的两端用 6mm 厚的钢板封盖焊住。型钢部分包裹再生混凝土偏心柱的制作过程如图 5.2 所示，在 H 型钢内侧先用打磨机除去表层铁锈，贴上应变片后用环氧树脂和纱布粘住，以便有效地保护应变片，并隔离水；应变片贴完后的型钢部分包裹再生混凝土偏心柱及对应变片进行防水处理，如图 5.3 所示；柱腹板两侧浇筑再生混凝土，养护 28 天后在翼缘间的混凝土表面贴上应变片，浇筑完成后的试件如图 5.4 所示；混凝土表面贴上应变片后的试件如图 5.5 所示。

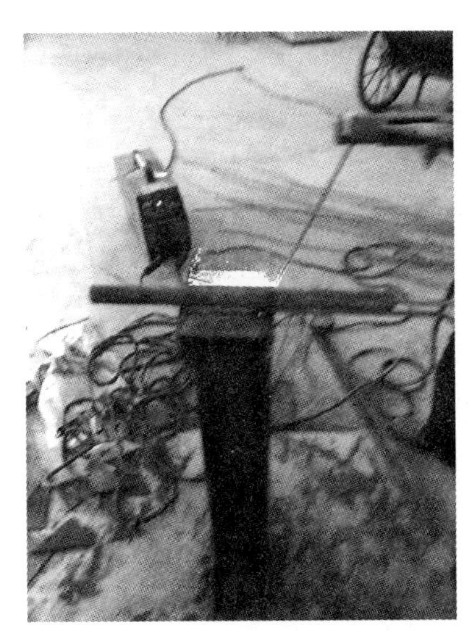

图 5.2　型钢部分包裹再生混凝土偏心柱的制作过程

图 5.3　试件钢材表面贴应变片及防水处理

图 5.4　浇筑完成后的试件

图 5.5　混凝土表面贴上应变片后的试件

5.2.2　试验材料的力学性能

本次试验用的型钢强度为 Q235B 级，其材性试验按照《金属材料 拉伸试验 第 1 部分：室温试验方法》（GB/T 228.1—2010）的规定进行。进行拉伸试验的测试试件标准尺寸如图 5.6 所示。钢材的应力-应变曲线如图 5.7 所示。钢材力学性能指标见表 5.2。

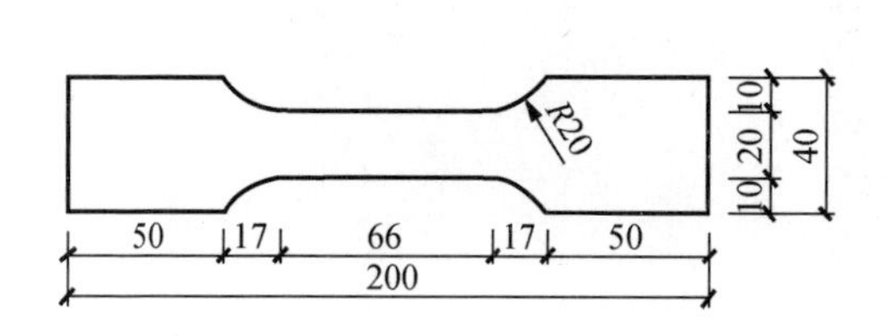

图 5.6　进行拉伸试验的测试试件标准尺寸

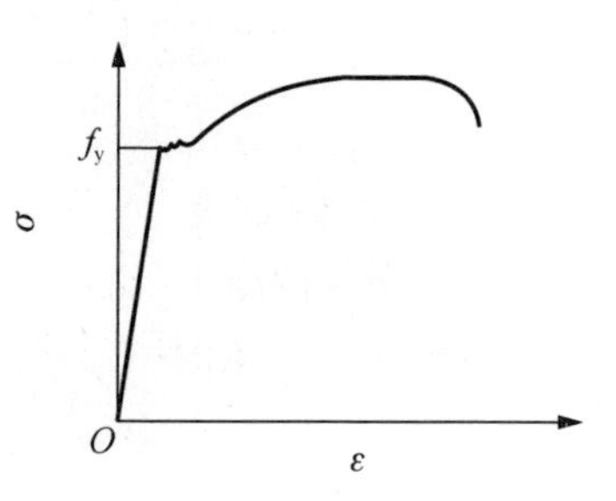

图 5.7　钢材的应力-应变曲线

表 5.2　钢材力学性能指标

材料名称	厚度 t/mm	屈服强度 f_y /MPa	极限强度 f_u /MPa	弹性模量 E_s /MPa	屈服应变 ε_y /（$\times10^{-6}$）
腹板	6.5	323	438	1.94×10^5	1665
翼缘	9	312	426	2.08×10^5	1500

按照《普通混凝土配合比设计规程》（JGJ 55—2011）规定设计混凝土配合比，由于再生粗骨料的吸水率较大，先对再生粗骨料进行预湿，破碎后的再生粗骨料如图 5.8 所示；再生混凝土的强度设计强度等级为 C30，天然混凝土用 R0 表示，作为基准混凝土，Rr 中 r 表示再生粗骨料取代率，其配合比见表 5.3。

图 5.8　破碎后的再生粗骨料

表 5.3　再生混凝土设计配合比

编号	再生粗骨料取代率/%	水灰比	材料用量/（kg/m³）					
			再生粗骨料	碎石	砂	水泥	水	附加水
R0	0	0.38	0	1231	479	500	190	—
R50	50	0.38	615.5	615.5	479	500	190	10
R100	100	0.38	1231	0	479	500	190	15

型钢部分包裹再生混凝土柱与再生混凝土试块在同条件下养护，在试验前首先进行混凝土的强度试验。按照《普通混凝土力学性能试验方法标准》（GB/T 50081—2002）测定再生混凝土强度，结果见表 5.4。图 5.9 为再生混凝土试块养护及立方体抗压强度测试示意图。

表 5.4　再生混凝土强度试验结果

混凝土试样组别	立方体试件尺寸/（mm×mm×mm）	立方体抗压强度 $f_{cu,k}$ /MPa
R0	150×150×150	31.60
R50	150×150×150	25.50
R100	150×150×150	22.30

（a）再生粗骨料取代率为 0 的混凝土试块

（b）再生粗骨料取代率为 50%的混凝土试块

（c）再生粗骨料取代率为 100%的混凝土试块

（d）立方体抗压强度测试

图 5.9　再生混凝土试块养护和立方体抗压强度测试

5.2.3　试验加载装置与数据采集

偏压试验在东华理工大学结构工程实验室进行，采用 3000kN 电液伺服刚性试验机施加荷载，试验加载装置及示意图如图 5.10 所示。对试件正式施加荷载前，按偏心受压试验的要求固定住试件，先缓慢施加荷载使压力机的顶板与试件上、下端部的加载钢棒紧密接触与稳固，以保证试件在严格的偏压条件下进行；加载过程中，需要人工控制加载速度，开始阶段的每级加载值控制在 0.1 倍的预估极限承载力值，每级加载持续 2～3min；当荷载达到 0.6 倍的预估极限承载力值后，人工调节每级的加载值为 1/20 的预估极限承载力值；当荷载的下降值达到极限承载力的 85%时停止试验；采用 YHD-200 型位移计量测位移，采用 DH3816 静态应变测试系统进行自动采集试验数据，如图 5.11 所示。

(a) 试验加载装置

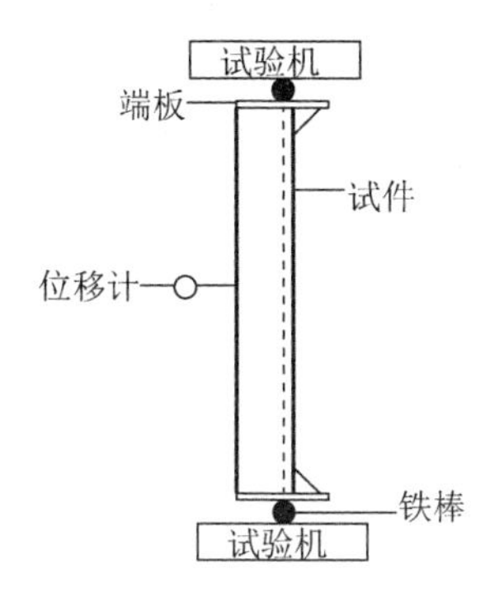

(b) 试验加载示意图

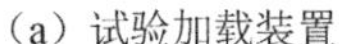

图 5.10　试验加载装置及示意图

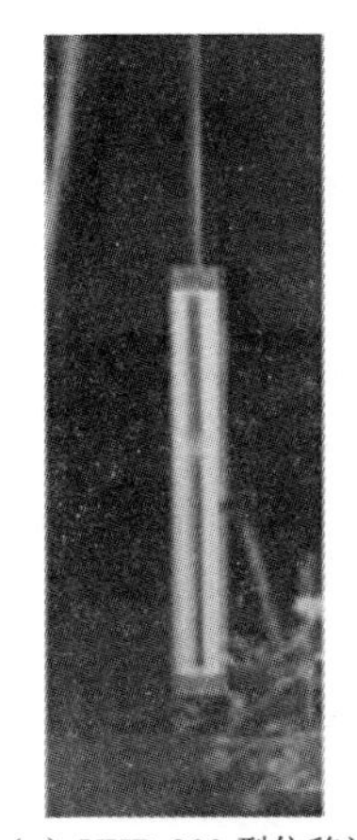

(a) YHD-200 型位移计

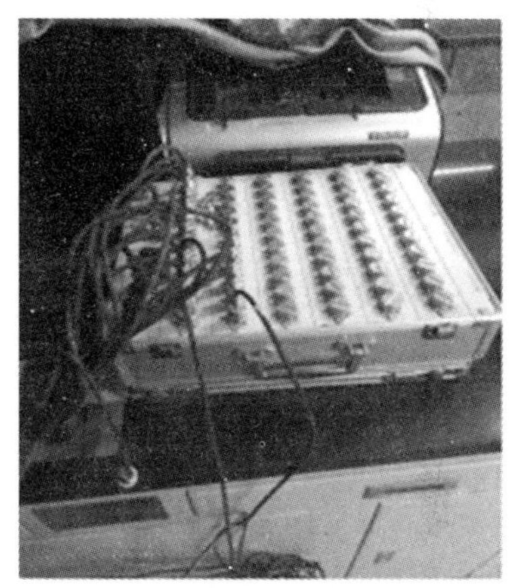

(b) DH3816 静态应变测试系统

图 5.11　测试装置

5.2.4　测点布置

在受到偏心荷载作用时，结构整体变形反映了结构整体工作状况，结构局部变形反映了结构局部工作状况。通过对试件挠度的测定可以了解结构的弹性和非弹性工作性质，在试件中部架上位移计测量横向变形，进而测得试件的挠度，300t 微机控制电液伺服试验机可以自动测量试件整体纵向位移。电阻应变片分别布置在 H 型钢翼缘、腹板和混凝土表面，表 5.5 和表 5.6 为电阻应变片的试验规格。为了探究型钢部分包裹再生混凝土偏压柱在偏心荷载作用下的力学指标，共在试件中部截面布置 14 个电阻应变片，在腹板两侧贴上横、纵向电阻片可测出腹板平均横、纵向应变；在型钢内侧翼缘处及外侧翼缘处贴上纵向电阻片可测出其平均纵向应变；在翼缘中间两侧截面贴上横、纵向电阻片可测出其平均横、纵向应变；中间截面的混凝土上贴上横向电阻应变片可测出混凝土的拉应变和压应变，应变片的具体位置和编号如图 5.12 所示。

表 5.5 混凝土电阻应变片的规格

型号	电阻值/Ω	灵敏系数	栅长×栅宽/(mm×mm)	级别
S2120-40AA	120×(1±0.2)%	2.02×(1±0.24)%	40×5	A

表 5.6 钢材电阻应变片的规格

型号	电阻值/Ω	灵敏系数	栅长×栅宽/(mm×mm)	级别
BX120-5AA	120.0×(1±0.1)%	2.12×(1±1.3)%	5×3	A

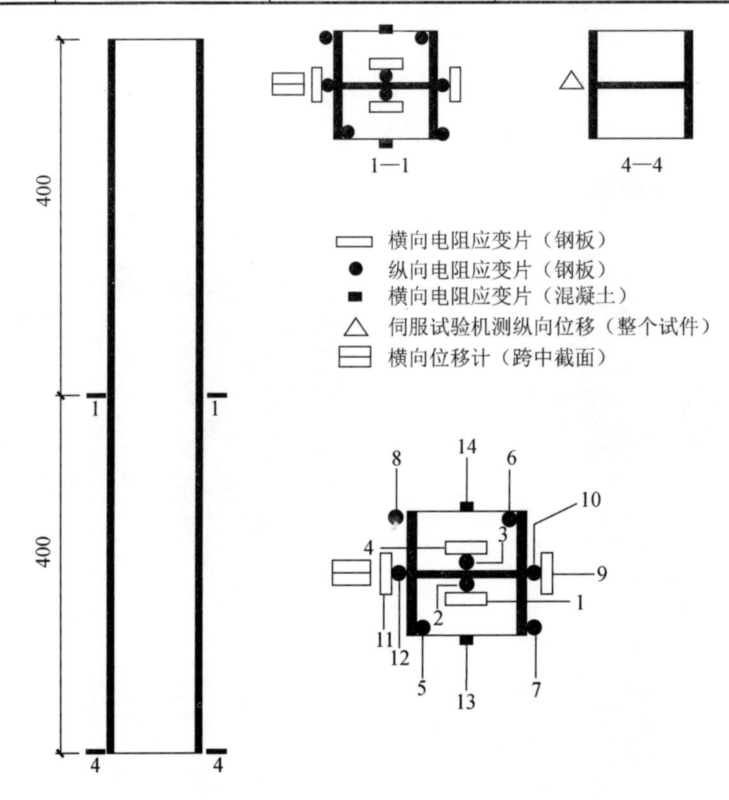

图 5.12 应变片的具体位置和编号

5.3 试验结果与分析

5.3.1 试验过程描述与破坏模式

1. 弱轴方向

(1) 试件 PEC-1

初始阶段没有明显的现象，随着压力的继续增大，当压力为 393kN 时，东面底部以上 0～12cm 区域出现“┐ ”形裂缝，东面顶部以下 0～10cm 区域出现数条裂缝；当压力为 467kN 时，东面距顶部 5～18cm 处，距离右钢板翼缘 3cm 处出现一条竖向裂缝；当压力为 480kN 时，东面距顶部 5～21cm 处的裂缝发展为“U”形裂缝；当压力达到 466kN 时，西面中部以上 16cm 处出现横向裂缝；当压力为 413kN 时，西面距中部以下 4cm 处出现横向裂缝连接两翼缘，且距东面顶部 12～60cm 区域混凝土凸起，最大距离为 2cm；当压力为 373kN 时，东面顶部裂缝处的混凝土被压碎；当压力为 343kN 时，之前出现在西面的两条横向裂缝宽度变为 1cm；当压力为 331kN 时，东面中部的左钢板翼缘屈曲 1.5cm，东面距中部以下 10cm 处出现横向裂缝；当压力达到 312kN 时，东面中部处出现横向裂缝，试验结束。图 5.13 为试件 PEC-1 的破坏过程。

（a）受压区裂缝

（b）受拉区裂缝

（c）受压区混凝土崩出

（d）试件整体变形情况

图 5.13　试件 PEC-1 的破坏过程

（2）试件 PEC-2

初始阶段没有明显的现象，随着压力的继续增大，当压力为 456kN 时，南面距顶部 10～13cm 区域出现“Z”形裂缝贯穿横截面；当压力达到 491kN 时，南面距底部 10～12cm 区域出现横向裂缝；当压力为 518kN 时，南面距底部 0～65cm 区域整块混凝土与钢板脱离开来；当压力为 500kN 时，北面中部以上 10cm 处出现一条横向裂缝连接两翼缘，北面中部以下 10cm、20cm 处出现横向裂缝连接两翼缘；当压力为 484kN 时，北面中部两边的钢板翼缘都向外屈曲 2cm；当压力达到 435kN 时，北面中部出现横向裂缝，南面底部的混凝土被严重压碎；当压力为 407kN 时，各处裂缝宽度加大，整个结构呈现“C”形，北面的整块混凝土崩出，最大距离出现在中部，崩出距离为 4cm；当压力达到 368kN 时，北面之前出现的 3 条横向裂缝宽度加大，试验结束。图 5.14 为试件 PEC-2 的破坏过程。

（a）受压区上部裂缝

（b）受拉区裂缝

（c）翼缘屈曲

（d）试件整体变形情况

图 5.14　试件 PEC-2 的破坏过程

（3）试件 PEC-3

初始阶段没有明显的现象，随着压力的持续增大，当压力为 168kN 时，东面顶部发出挤压混凝土的“吱吱”声；当压力达到 274kN 时，东面顶部的混凝土开始散落下来；当压力为 305kN 时，东面从左顶部处开始出现与水平面成 45° 角且长 6cm 的斜向裂缝；当压力达到 245kN 时，东面距顶部 0～30cm 区域出现竖向裂缝，东面距顶部 30～33cm 区域出现“M”形横向裂缝连接两翼缘；当压力为 285kN 时，东面中部以上 12～15cm 裂缝处的混凝土脱落；当压力为 256kN 时，西面中部以上 12cm 和 14cm 处的左钢板翼缘分别开始出现与水平面成 30° 角的斜向裂缝连接两翼缘、与水平面成 150° 角的斜向裂缝连接两翼缘；当压力为 250kN

时，西面中部以上 20cm、23cm 处分别出现屋盖形裂缝连接两翼缘、弯弓形裂缝连接两翼缘，西面中部处的一条横向裂缝延长；当压力为 243kN 时，东面距顶部 12～68cm 区域整块混凝土崩出，最大距离为 0.5cm；当压力为 241kN 时，东面距顶部 15～30cm 区域裂缝处混凝土与下方的混凝土错开 3cm，西部中部以下 12cm 出现一条微小的横向裂缝，试验结束。图 5.15 为试件 PEC-3 的破坏过程。

（a）受压区裂缝

（b）受拉区裂缝

（c）受压区混凝土脱落

（d）试件整体变形情况

图 5.15　试件 PEC-3 的破坏过程

（4）试件 PEC-4

初始阶段没有明显的现象，随着荷载的持续增大，当压力为 184kN 时，东面顶部发出挤压混凝土的“吱吱”声；当压力达到 256kN 时，西面中部以上 10cm、25cm 处和西面中部以下 4cm、14cm 处出现横向裂缝；当压力为 222kN 时，东面距顶部 25～50cm 区域整块混凝土崩出，最大距离为 0.5cm，东面中部以上 5～15cm 区域出现倒“K”形裂缝连接两翼缘；当压力为 204kN 时，东面中部以上 5～15cm 区域出现的裂缝宽度变大；当压力为 198kN 时，东面中部以上 5～15cm 区域裂缝处的混凝土脱落；当压力为 194kN 时，东面距顶部以下 30～50cm 区域整块混凝土崩出，最大距离为 3cm，西面之前出现的裂缝宽度加大，试验结束。图 5.16 为试件 PEC-4 的破坏过程。

（a）受压区裂缝　　（b）受拉区裂缝

（c）受压区混凝土脱落　　（d）试件整体变形情况

图 5.16　试件 PEC-4 的破坏过程

（5）试件 PEC-5

初始阶段没有明显的现象，随着压力的继续增大，当压力为 398kN 时，东面距底部 12cm 处出现 3cm 长的竖向裂缝；当压力为 412kN 时，东面距顶部 18cm 处左半部出现“H”形裂缝；当压力为 510kN 时，东面距顶部 18～28cm 区域出现“Y”形裂缝贯穿右半部横截面；当压力为 509kN 时，东面中部以上 10cm 处出现一条波浪形横向裂缝连接两翼缘；当压力达到 485kN 时，西面中部以上 15cm 处出现一条横向裂缝；当压力为 426kN 时，东面距底部 12cm 处出现的 3cm 长的竖向裂缝发展为“人”字形裂缝；当压力为 393kN 时，东面中部以上 10cm 处出现一条横向裂缝把整块混凝土分割开来，两边的混凝土崩出，东面中部以下 8～15cm 区域出现倒“人”字形裂缝；当压力为 368kN 时，西面中部处出现一条横向裂缝；当压力为 344kN 时，各处裂缝宽度加大，东面上半部分混凝土崩出 2cm；

当压力为 308kN 时，东面中部以上 10cm 处右边的钢板翼缘向外屈曲 2cm；当压力达到 327kN 时，东面混凝土被严重压碎，试验结束。图 5.17 为试件 PEC-5 的破坏过程。

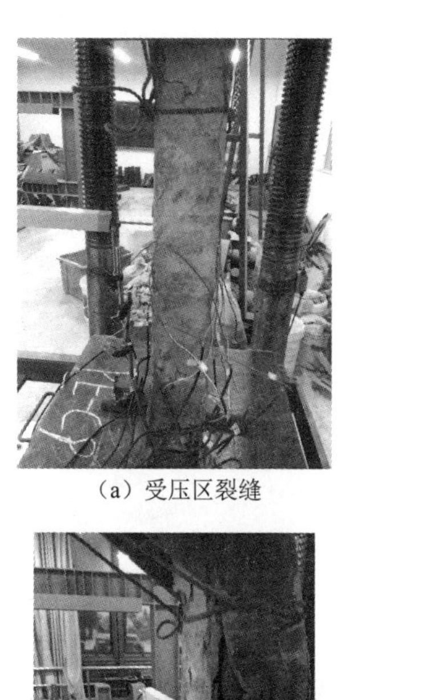

（a）受压区裂缝

（b）受拉区裂缝

（c）受压区混凝土崩出

（d）试件整体变形情况

图 5.17　试件 PEC-5 的破坏过程

（6）试件 PEC-6

初始阶段没有明显的现象，当压力达到 299kN 时，东面顶部和底部的混凝土先被压酥；当压力达到 340kN 时，东面距中部以上 10～15cm 区域出现两条竖向裂缝和一条横向裂缝；当压力为 314kN 时，东面距顶部 0～6cm 区域出现“人”字形裂缝；当压力为 270kN 时，西面中部以上 5cm、14cm 及 26cm 处出现横向裂缝连接两翼缘；当压力为 267kN 时，东面距顶部以下 7～60cm 区域整块混凝土崩出，东面距顶部 7～30cm 区域裂缝处混凝土与下方的混凝土错开 3cm；当压力达到 250kN 时，西面中部以下 5cm 处出现横向裂缝；当压力为 245kN 时，东面距中部以上 10cm 发展到中部长 10cm 的竖向裂缝，此裂缝与右翼缘的距离为 5cm，东面中部左半部分处的混凝土脱落宽 3cm，西面中部以下 12cm 处出现一条微小的横向裂缝连接两翼缘，试验结束。图 5.18 为试件 PEC-6 的破坏过程。

（a）受压区裂缝

（b）受拉区裂缝

（c）受压区混凝土崩出

（d）试件整体变形情况

图 5.18　试件 PEC-6 的破坏过程

2. 强轴方向

（1）试件 PEC-7

初始阶段没有明显的现象，随着压力的继续增大，当压力为 371kN 时，南面的底部和顶部从偏心处开始向上、下延伸出 12cm 长的竖向裂缝；当压力为 400kN 时，北面的底部从偏心处距离右钢板翼缘 2cm 处开始向上延伸出 10cm 长的竖向裂缝，以及从距离右钢板翼缘 5cm 处开始向上延伸出 10cm 长的竖向裂缝，北面顶部以下 0～12cm 区域出现“人”字形裂缝，裂缝是从偏心处开始发展的；当压力为 454kN 时，南面的顶部从偏心处距离右钢板翼缘 2cm 处开始向下延伸出 5cm 长的竖向裂缝；当压力为 508kN 时，南面底部以上 0～25cm 区域出现“人”字形裂缝；当压力为 505kN 时，南面底部以上 0～12cm 区域裂缝处的混凝土脱落；当压力为 504kN 时，南、北两面距顶部以下 0～15cm 区域整块混凝土向外凸起 0.5cm；当压力为 504kN 时，南面距顶部 5cm×12cm 区域混凝土全部脱落；当压力为 501kN

时，北面底部裂缝处的混凝土脱落；当压力为 495kN 时，南面距底部 0～12cm 区域出现一条竖向裂缝；当压力为 495kN 时，南面距顶部 0～22cm 区域整块混凝土向外凸起，最大距离为 3cm；当压力为 493kN 时，北面距顶部 0～16cm 区域整块混凝土向外凸起，最大距离为 5cm；当压力为 493kN 时，南面中部与右钢板翼缘交接处的混凝土向外凸起 1cm，试验结束。图 5.19 为试件 PEC-7 的破坏过程。

（a）北面上部裂缝

（b）南面底部裂缝

（c）南面底部混凝土脱落

（d）试件整体变形情况

图 5.19　试件 PEC-7 的破坏过程

（2）试件 PEC-8

初始阶段没有明显的现象，随着压力的继续增大，当压力为 382kN 时，北面距顶部 0～10cm 区域混凝土出现“人”字形裂缝，从偏心处向下延伸；当压力为 479kN 时，南面右侧距顶部 0～5cm 区域小块混凝土凸起，南面从右底部开始向上延伸出长 12cm 的竖向裂缝；当压力为 485kN 时，北面底部的裂缝从偏心处分别向上延伸出 5cm 长的竖向裂缝；当压力达到 564kN 时，南面顶部出现两条长 12cm 的竖向裂缝；当压力达到 573kN 时，北面顶部出现 3 条长 12cm 的竖向裂缝；当压力为 562kN 时，南面从顶部开始向下延伸出 3 条竖向裂缝，分别长 10cm、

14cm 及 20cm；当压力为 550kN 时，南北两面距顶部 0～14cm 区域整块混凝土向外凸起 2cm，并且北面顶部裂缝处的混凝土脱落；当压力达到 542kN 时，南面顶部处的混凝土被严重压碎；当压力为 536kN 时，北面距左侧顶部以下 5～15cm 区域钢板翼缘发生屈曲；当压力为 536kN 时，南面从底部中间开始向上延伸出长 14cm 的竖向裂缝，北面从底部中间开始向上延伸出长 15cm 的竖向裂缝，试验结束。图 5.20 为试件 PEC-8 的破坏过程。

（a）北面上部裂缝

（b）南面上部裂缝

（c）北面上部混凝土脱落

（d）试件整体变形情况

图 5.20　试件 PEC-8 的破坏过程

（3）试件 PEC-9

初始阶段没有明显的现象，随着压力的持续增大，当压力为 60kN 时，顶部发出挤压混凝土的“吱吱”声；当压力达到 254kN 时，顶部混凝土被挤压发出“吱吱”的清脆声音；当压力为 374kN 时，南面距顶部偏心处 2cm×2cm 区域混凝土向外凸起；当压力达到 459kN 时，北面顶部 12cm 长的竖向裂缝从偏心处开始向下延伸；当压力达到 555kN 时，南面顶部从偏心处开始分别向下延伸出 12cm 长的竖向裂缝；当压力为 560kN 时，北面距中部以上 0～15cm 区域出现 3 条与水平面成 120° 角的斜向裂缝；当压力为 489kN 时，南面中部出现一条竖向裂缝，距离右钢板翼缘 3cm，距中部以上 0～20cm 区域与右钢板翼缘交接处的混凝土向外凸起 1cm；当压力达到 476kN 时，北面中部出现更多混凝土裂缝，伴有混凝土脱落；当压力为 475kN 时，南面中部以上 17cm 处出现横向裂缝连接两翼缘，南面中部以下 5cm 处出现“W”形裂缝连接两翼缘；当压力达到 476kN 时，北面中部出现横向裂缝，“Y”形裂缝从北面顶部延伸到中部；当压力为 462kN 时，南面距右中部以上 13cm 处的钢板翼缘屈曲 2cm，北面中部的左钢板翼缘屈曲 3cm；当压力为 452kN 时，北面中部裂缝处的混凝土被严重压碎，并向下延伸出 4 条长约 12cm 的竖向裂缝；当压力达到 413kN 时，南面中部出现“爪”形裂缝，南面中部出现多条竖向裂缝，试验结束。图 5.21 为试件 PEC-9 的破坏过程。

（a）北面中部裂缝

（b）南面上部裂缝

（c）翼缘屈曲

（d）试件整体变形情况

图 5.21　试件 PEC-9 的破坏过程

（4）试件 PEC-10

初始阶段没有明显的现象，随着压力的持续增大，当压力为 142kN 时，北面顶部和底部与钢板封盖接触的混凝土被压酥，顶部处压酥的混凝土有散落；当压力为 271kN 时，东面顶部和底部的钢板封盖分别屈曲 1cm 和 3cm，北面左底部钢板翼缘焊接处混凝土脱落；当压力达到 199kN 时，南、北两面底部的钢板翼缘焊缝断裂；当压力为 190kN 时，除了北面左底部钢板翼缘焊接处混凝土脱落外，其余部分试件保持完整，南、北两面底部的钢板翼缘焊接处的焊缝裂开，局部破坏比构件的整体破坏来得早，致使试验结束。图 5.22 为试件 PEC-10 的破坏过程。

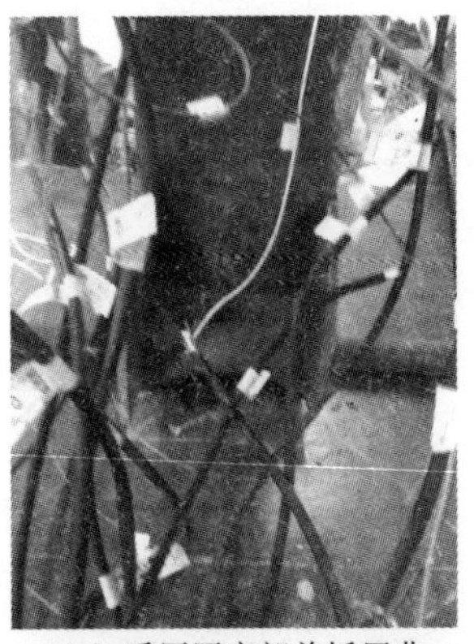

（a）受压区底部盖板屈曲

（b）北面底部焊缝裂开

（c）北面底部混凝土脱落

（d）试件整体变形情况

图 5.22　试件 PEC-10 的破坏过程

（5）试件 PEC-11

初始阶段没有明显的现象，随着压力的持续增大，当压力为 60kN 时，顶部发出挤压混凝土的“吱吱”声；当压力达到 254kN 时，顶部混凝土被挤压发出“吱吱”的清脆声音；当压力为 374kN 时，南面距顶部偏心处 2cm×2cm 区域混凝土向外凸起；当压力达到 459kN 时，北面顶部 12cm 长的竖向裂缝从偏心处开始向下延伸；当压力达到 555kN 时，南面顶部从偏心处开始分别向下延伸出 12cm 长的竖向裂缝；当压力为 560kN 时，北面距中部以上 0～15cm 区域出现 3 条与水平面成 120° 角的斜向裂缝；当压力为 489kN 时，南面中部出现一条竖向裂缝，距离右钢板翼缘 3cm，距中部以上 0～20cm 区域与右钢板翼缘交接处的混凝土向外凸起 1cm；当压力达到 476kN 时，北面中部出现更多混凝土裂缝，伴有混凝土脱落；当压力为 475kN 时，南面中部以上 17cm 处出现横向裂缝连接两翼缘，南面中部以下 5cm 处出现“W”形裂缝连接两翼缘；当压力达到 476kN 时，北面中部出现横向裂缝，“Y”形裂缝从北面顶部延伸到中部；当压力为 462kN 时，南面距右中部以上 13cm 处的钢板翼缘屈曲 2cm，北面中部的左钢板翼缘屈曲 3cm；当压力为 452kN 时，北面中部裂缝处的混凝土被严重压碎，并向下延伸出 4 条长约 12cm 的竖向裂缝；当压力达到 413kN 时，南面中部出现“爪”形裂缝，南面中部出现多条竖向裂缝，试验结束。图 5.23 为试件 PEC-11 的破坏过程。

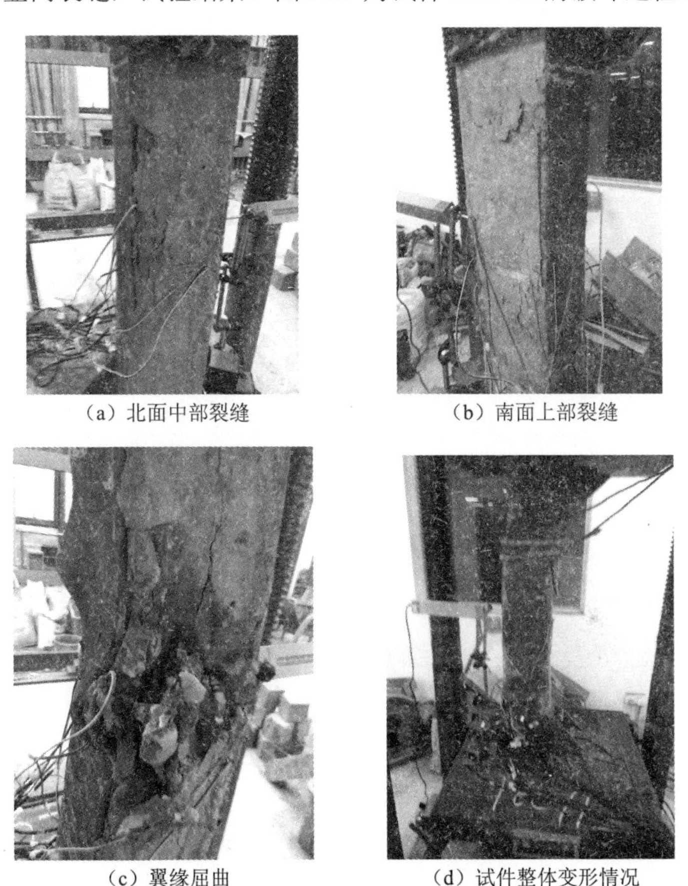

（a）北面中部裂缝　（b）南面上部裂缝　（c）翼缘屈曲　（d）试件整体变形情况

图 5.23　试件 PEC-11 的破坏过程

（6）试件 PEC-12

初始阶段没有明显的现象，随着压力的继续增大，当压力为 492kN 时，南北面的顶部和底部，从偏心处开始分别向下、上延伸出一条 10cm 长的竖向裂缝；当压力为 530kN 时，南面距中部以下 10cm 处出现“U”形裂缝；当压力达到 487kN 时，北面中部出现 4 条近似竖向裂缝；当压力为 474kN 时，南面中部出现“人”字形裂缝；当压力为 470kN 时，北面中部整块混凝土向外凸起 1cm；当压力为 465kN 时，南面距中部以下 10cm 在原先的裂缝处发展出分支裂缝，长 20cm；当压力为 458kN 时，南面中部的右钢板翼缘屈曲 1cm，南面中部发展为 3 条长 30cm

的竖向裂缝；当压力为 440kN 时，北面中部裂缝处的混凝土向外凸起 4cm，南面中部裂缝处的混凝土向外凸起 1cm，并且南面中部的混凝土少许脱落；当压力为 422kN 时，北面中部裂缝处的混凝土脱落，南面中部的 3 条长 30cm 的竖向裂缝宽度变大，长度变长，其中最大裂缝的长度达到 45cm；当压力为 405kN 时，北面距左底部以上 18cm 处的钢板翼缘屈曲 1cm，从此处的屈曲处开始与水平面成 60° 角的斜向裂缝长 12cm，试验结束。图 5.24 为试件 PEC-12 的破坏过程。

（a）北面中部裂缝

（b）南面中部裂缝

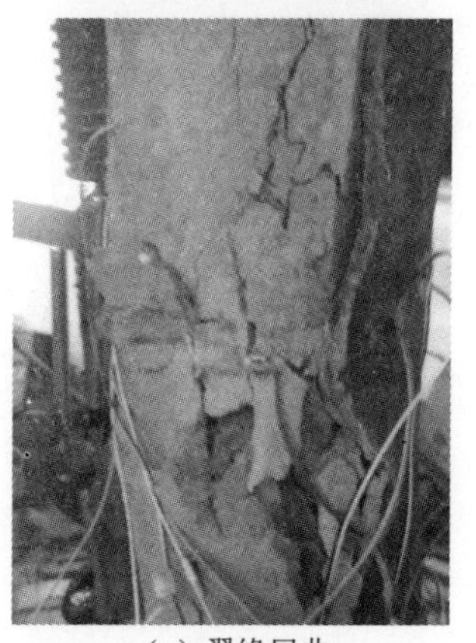

（c）翼缘屈曲

（d）试件整体变形情况

图 5.24　试件 PEC-12 的破坏过程

5.3.2　荷载-变形曲线

1. 实测承载力

实测各试件的极限承载力见表 5.7。

表 5.7　实测各试件的极限承载力

试件编号	受力方向	再生粗骨料取代率 r/%	偏心距 e/mm	极限承载力/kN
PEC-1	弱轴	0	25	535
PEC-2		50	25	524
PEC-3		50	50	508
PEC-4		50	75	265
PEC-5		100	25	510
PEC-6		100	50	480
PEC-7	强轴	0	25	593
PEC-8		50	25	575
PEC-9		50	50	559
PEC-10		50	75	291
PEC-11		100	25	554
PEC-12		100	50	531

从表 5.7 可知，在弱轴方向：当偏心距为 25mm 时，随着再生粗骨料取代率的不断增大，试件的极限承载力会减小；PEC-5（r=100%）、PEC-2（r=50%）与PEC-1（r=0）相比较，试件极限承载力分别下降了 4.7%、2.1%；当偏心距为 50mm 时，PEC-6（r=100%）与 PEC-3（r=50%）比较，试件极限承载能力下降了 5.5%。在强轴方向：当偏心距为 25mm 时，PEC-11（r=100%）、PEC-8（r=50%）与 PEC-7（r=0）相比较，试件的极限承载力分别下降了 6.6%、3.0%；当偏心距为 50mm 时，PEC-12（r=100%）与 PEC-9（r=50%）相比较，试件的极限承载力下降了 5.0%。因此，再生粗骨料取代率对试件的极限承载力影响较小。

从表 5.7 还可知，在弱轴方向：当再生粗骨料取代率为 50%时，随着试件偏心距的增大，试件的极限承载力不断降低，PEC-4（e=75mm）、PEC-3（e=50mm）与 PEC-2（e=25mm）相比较，试件的极限承载力分别下降了 49.4%、3.1%；当再生粗骨料取代率为 100%时，PEC-6（e=50mm）与 PEC-5（e=25mm）相比较，试件的极限承载力下降了 5.9%。在强轴方向：在再生粗骨料取代率 50%的情况下，PEC-10（e=75mm）、PEC-9（e=50mm）与 PEC-8（e=25mm）相比较，试件的极限承载力分别下降了 49.4%、2.8%；当再生粗骨料取代率为 100%时，PEC-12（e=50mm）与 PEC-11（e=25mm）相比，试件极限承载力下降了 4.2%。因此，偏心距对试件极限承载力的影响较大。

2. 承载力与挠度关系

图 5.25 为试件的荷载-挠度曲线。从图 5.25 中可知：试件的荷载-挠度曲线由直线上升段、曲线上升段和下降段 3 部分组成，分别对应试件的弹性阶段、弹塑性阶段及破坏阶段。在弹性阶段，纵向位移会随着荷载的增大近似线性增大；弹

塑性阶段以试件翼缘钢板达到屈服强度为标志，表现在纵向位移增长加快，而承载力增长较前一个阶段缓慢；达到极限荷载后，破坏阶段以混凝土开裂为标志，表现在曲线开始下降；本试验构件属于中长柱，附加弯矩的影响不可忽视，荷载的增大使试件的跨中变形较明显；通过比较发现，相同再生粗骨料取代率和偏心距的试件，在弹性阶段内，强轴的荷载-挠度曲线斜率比弱轴的大，这是因为强轴的截面抵抗矩（W）比弱轴大，直接影响试件的刚度；不同偏心距试件比较，偏心距小的构件达到荷载峰值时的挠度小于偏心距大的试件达到峰值荷载时的挠度；再生粗骨料取代率会对试件极限承载力造成影响。

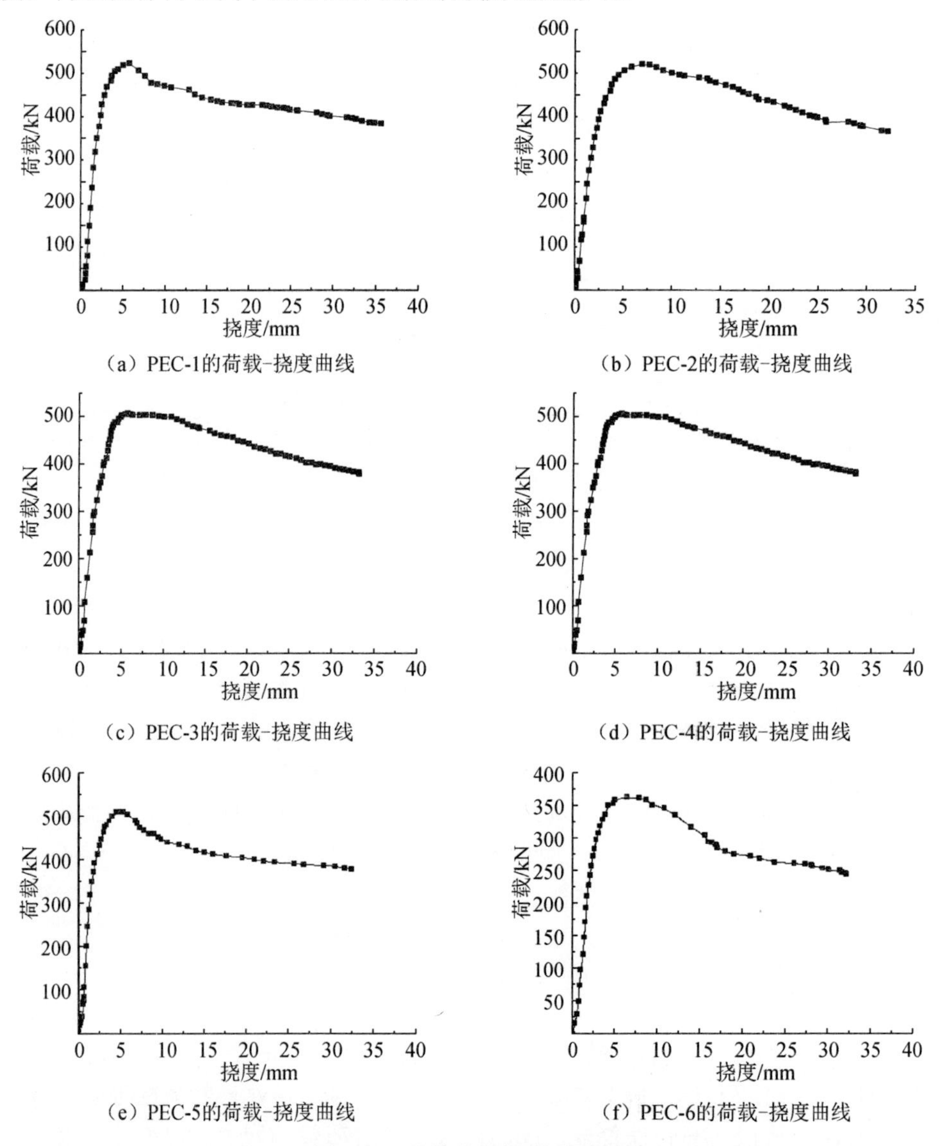

（a）PEC-1的荷载-挠度曲线

（b）PEC-2的荷载-挠度曲线

（c）PEC-3的荷载-挠度曲线

（d）PEC-4的荷载-挠度曲线

（e）PEC-5的荷载-挠度曲线

（f）PEC-6的荷载-挠度曲线

图 5.25　试件的荷载-挠度曲线

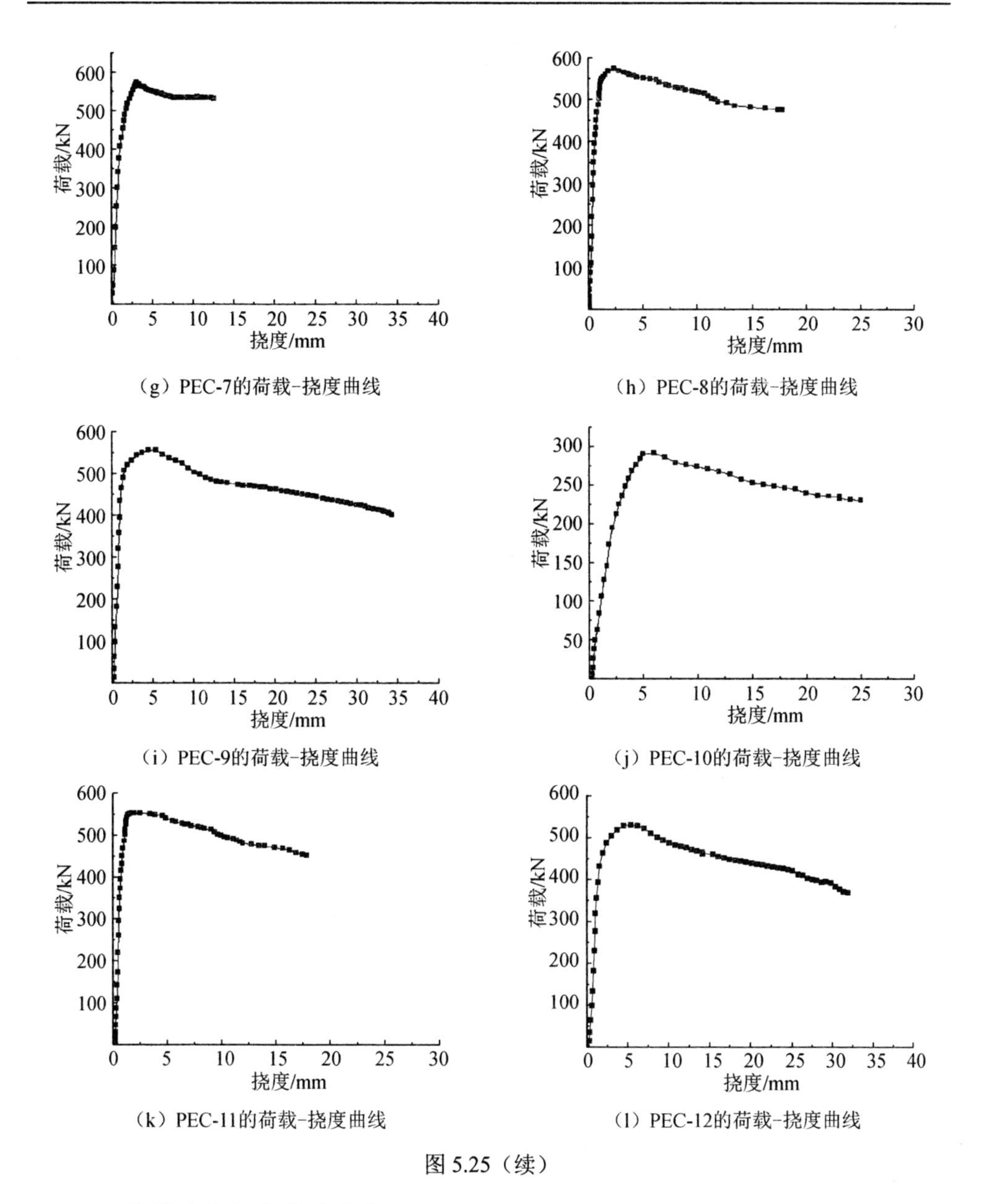

（g）PEC-7的荷载-挠度曲线　（h）PEC-8的荷载-挠度曲线

（i）PEC-9的荷载-挠度曲线　（j）PEC-10的荷载-挠度曲线

（k）PEC-11的荷载-挠度曲线　（l）PEC-12的荷载-挠度曲线

图 5.25（续）

3. 承载力与纵向位移曲线

试件的荷载-纵向位移曲线如图 5.26 所示。从图 5.26 中可知：在加载的初始阶段，纵向位移随着荷载的增大而呈近似线性增大；由于试件初始偏心的影响，当加载荷载达到试件极限荷载的 90%左右时，纵向位移增大速率突然加快，曲线开始弯曲；当达到极限荷载后，荷载就开始下降，由于纵向位移受到多种因素的影响，曲线下降时会呈现不同的形态。

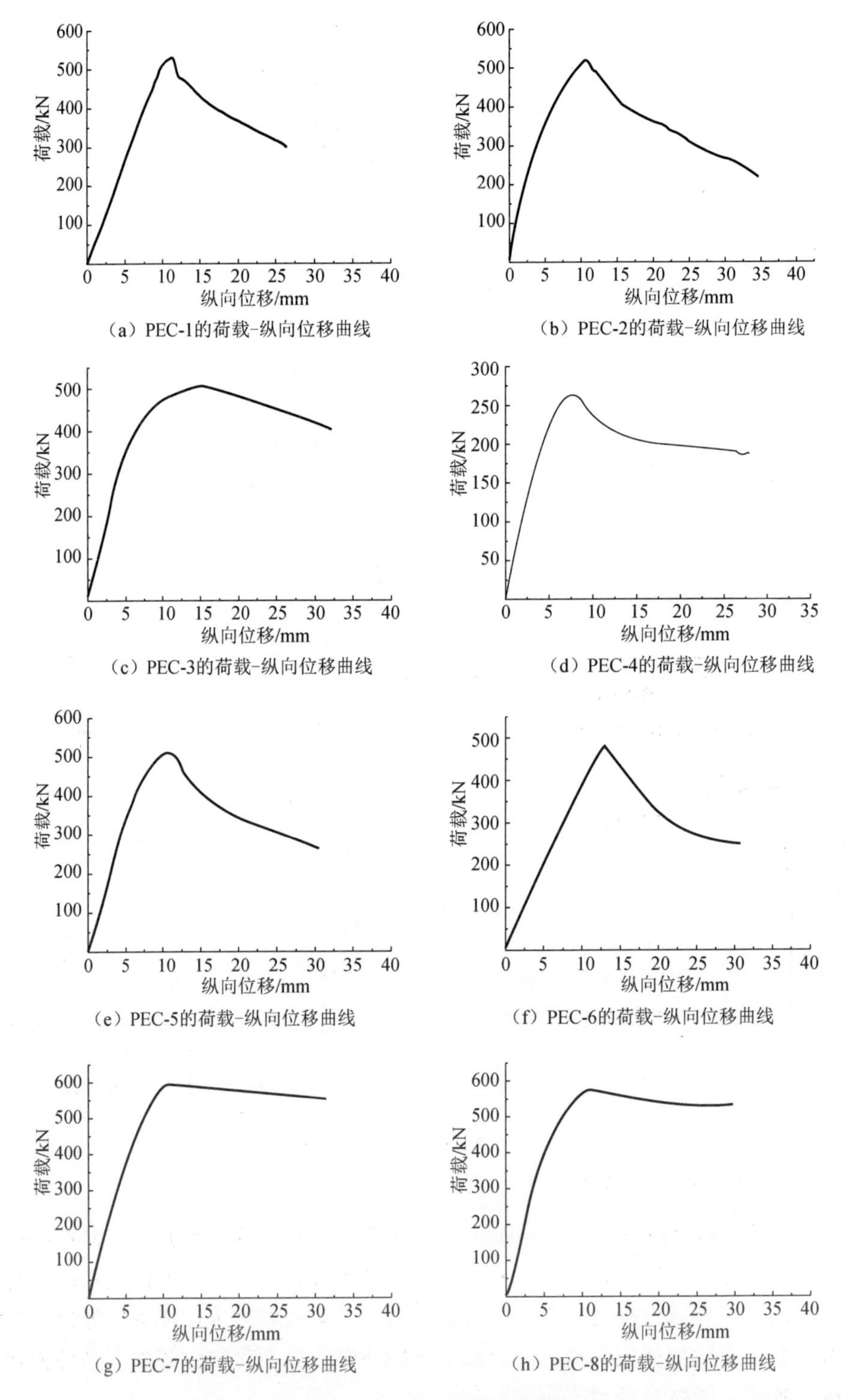

图 5.26　试件的荷载-纵向位移曲线

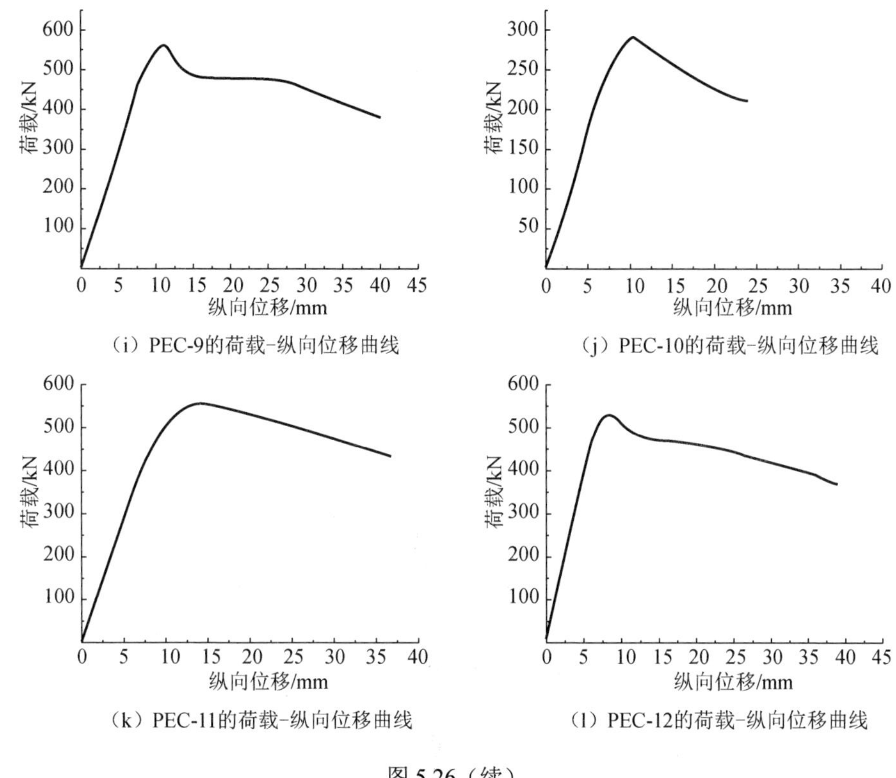

（i）PEC-9的荷载-纵向位移曲线　（j）PEC-10的荷载-纵向位移曲线

（k）PEC-11的荷载-纵向位移曲线　（l）PEC-12的荷载-纵向位移曲线

图 5.26（续）

5.3.3　荷载-应变曲线

1. 型钢的应变分析

图 5.27 为试件的荷载-应变曲线。从图 5.27 中可知：在弹性阶段，随着荷载的增大，腹板、翼缘、翼缘中间的截面应变都近似线性增大；在加载初期，腹板的应变相对翼缘及翼缘中间截面的应变要小，因为腹板会受到翼缘及混凝土的约束，在加载初期不出现局部屈曲，直到加载后期钢材达到了屈服强度，其刚度才会减小；翼缘的内侧有混凝土的约束，不出现向内屈曲，当外加荷载达到一定值时，出现向外屈曲的现象。

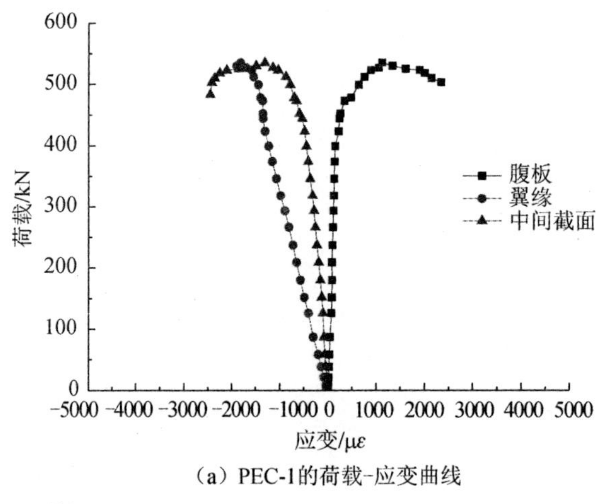

（a）PEC-1的荷载-应变曲线

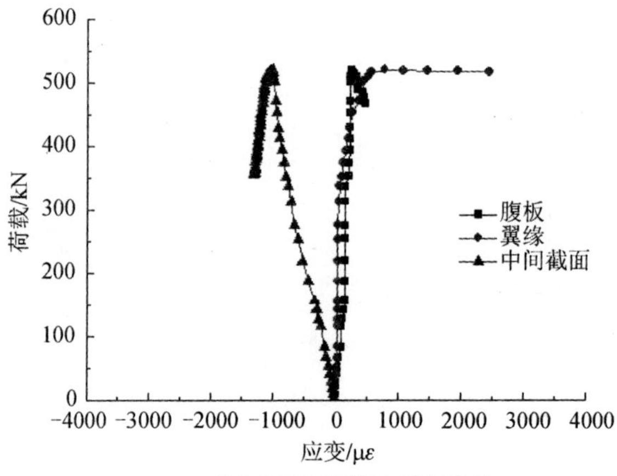

（b）PEC-2的荷载-应变曲线

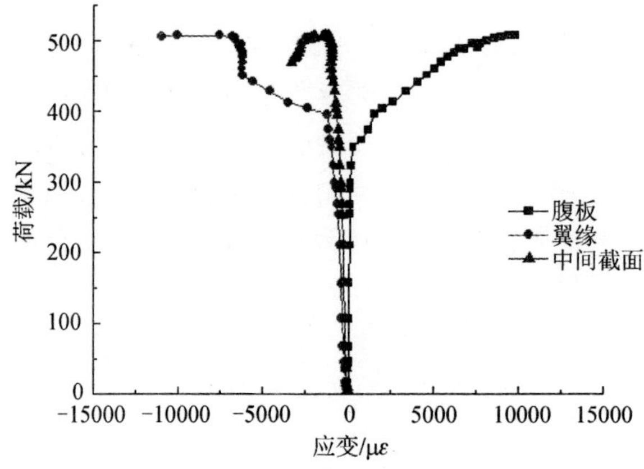

（c）PEC-3的荷载-应变曲线

图 5.27　试件的荷载-应变曲线

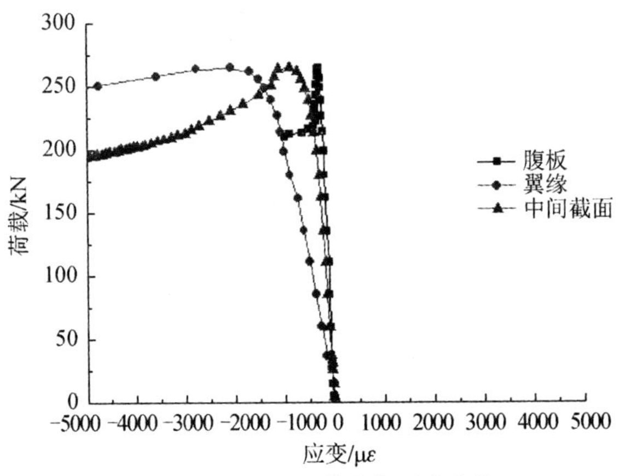

（d）PEC-4的荷载-应变曲线

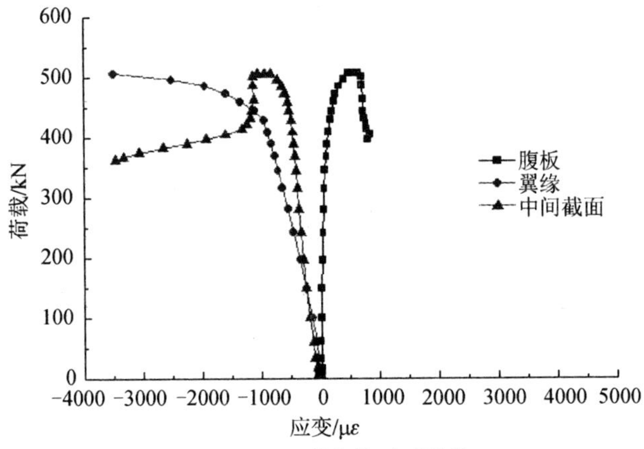

（e）PEC-5的荷载-应变曲线

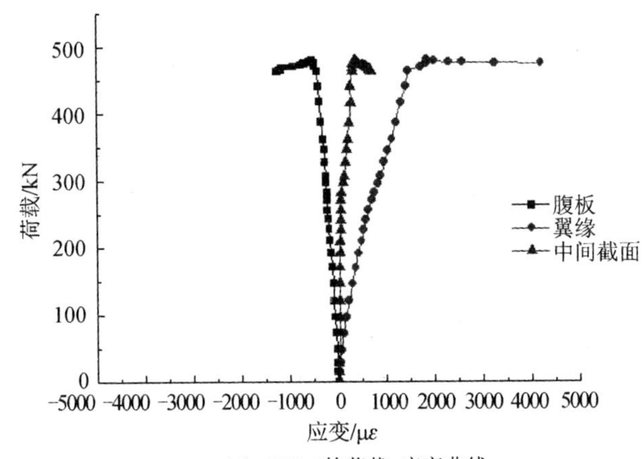

（f）PEC-6的荷载-应变曲线

图5.27（续）

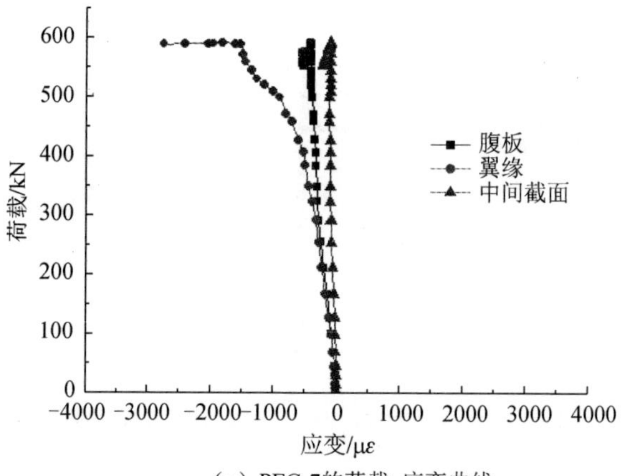

（g）PEC-7的荷载-应变曲线

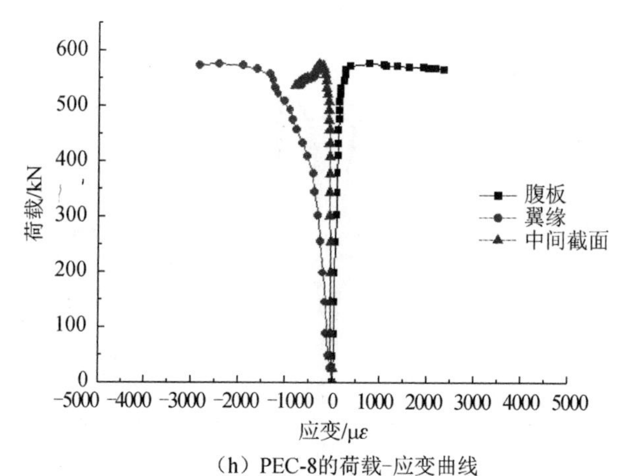

（h）PEC-8的荷载-应变曲线

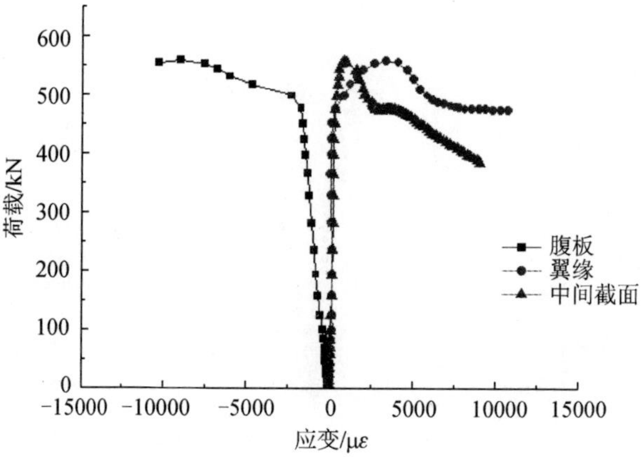

（i）PEC-9的荷载-应变曲线

图 5.27（续）

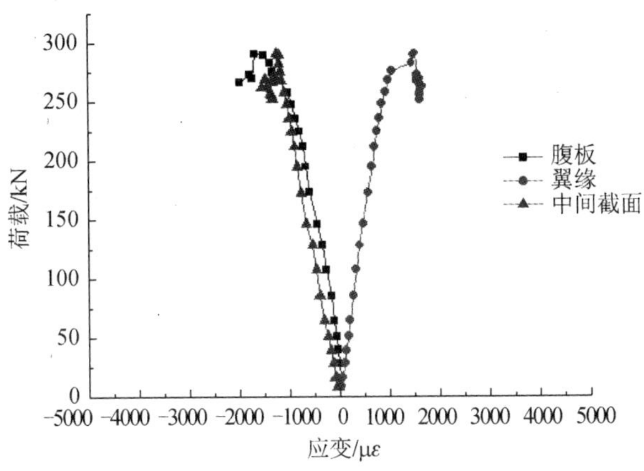

(j) PEC-10的荷载-应变曲线

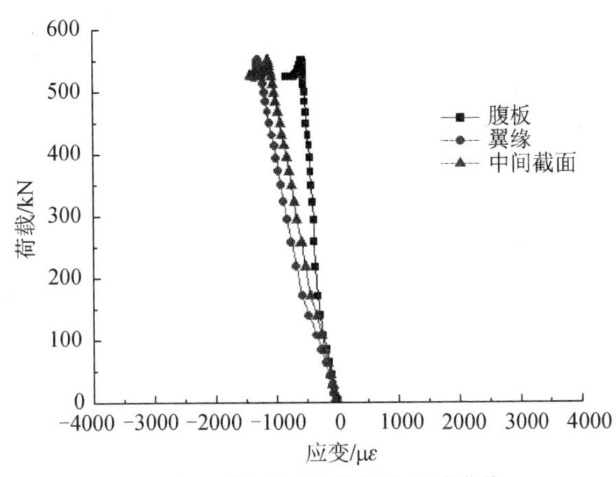

(k) PEC-11的荷载-应变曲线

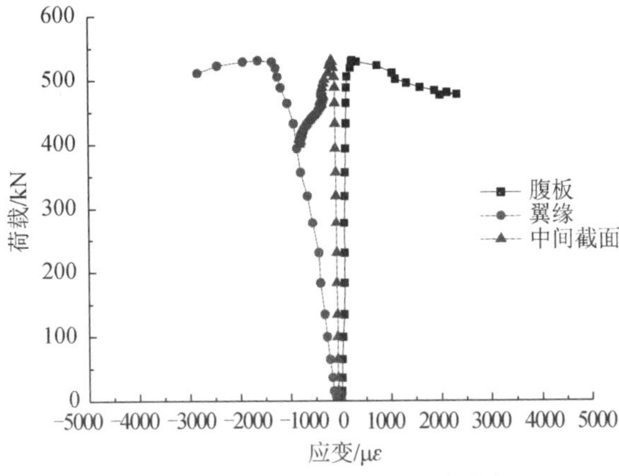

(l) PEC-12的荷载-应变曲线

图 5.27（续）

2. 混凝土的应变分析

试件的混凝土应变如图 5.28 所示。从图 5.28 中可知：达到极限荷载时，大部分试件受压区混凝土的压应变值差不多达到极限了。由于翼缘和腹板对核心混凝土有一定的约束作用，试件才能继续承担荷载。此时，截面的受力特性发生改变，型钢和混凝土承担荷载，间接提高了混凝土的抗压强度，基本上混凝土应变都能达到 0.002 以上。

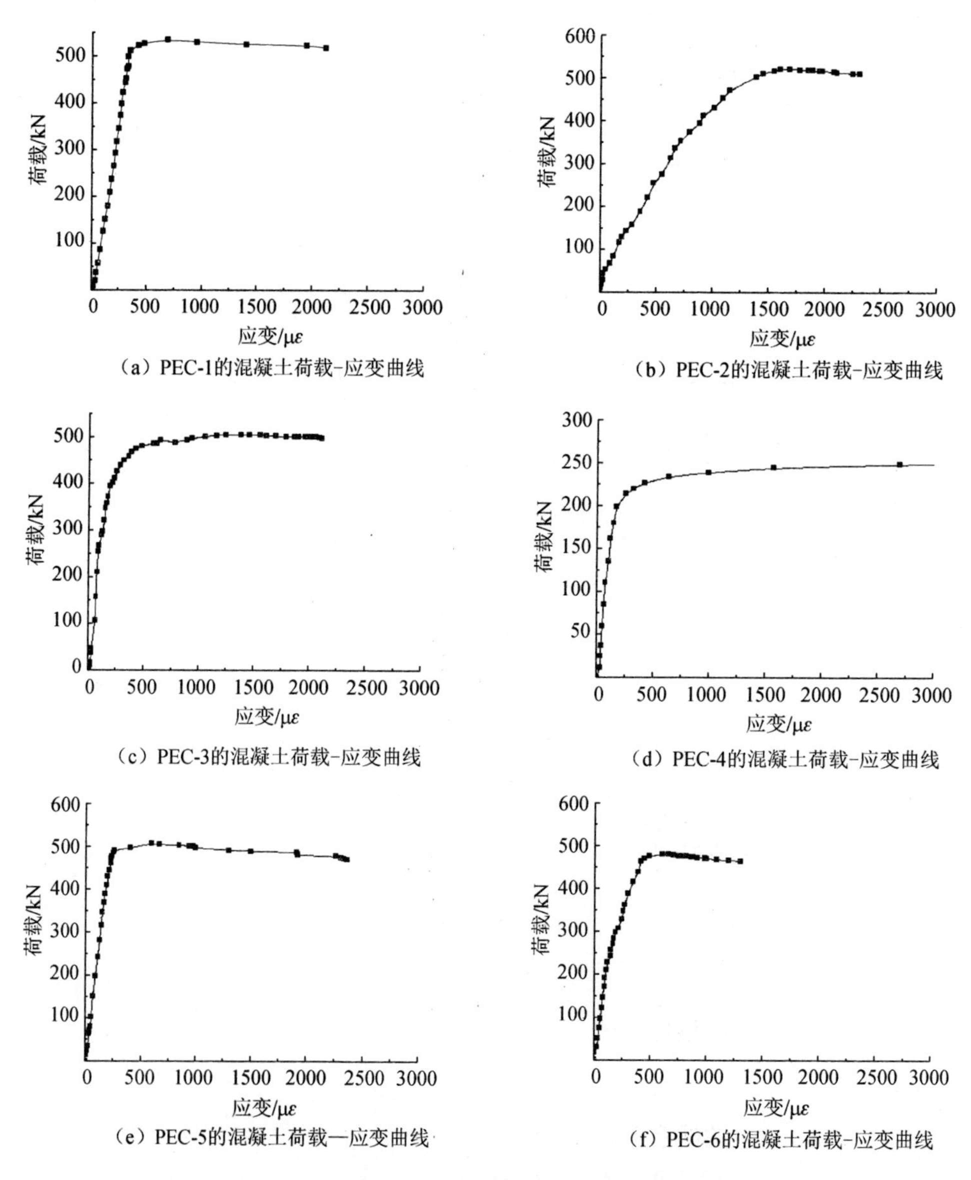

（a）PEC-1的混凝土荷载-应变曲线　（b）PEC-2的混凝土荷载-应变曲线

（c）PEC-3的混凝土荷载-应变曲线　（d）PEC-4的混凝土荷载-应变曲线

（e）PEC-5的混凝土荷载—应变曲线　（f）PEC-6的混凝土荷载-应变曲线

图 5.28　试件的混凝土应变

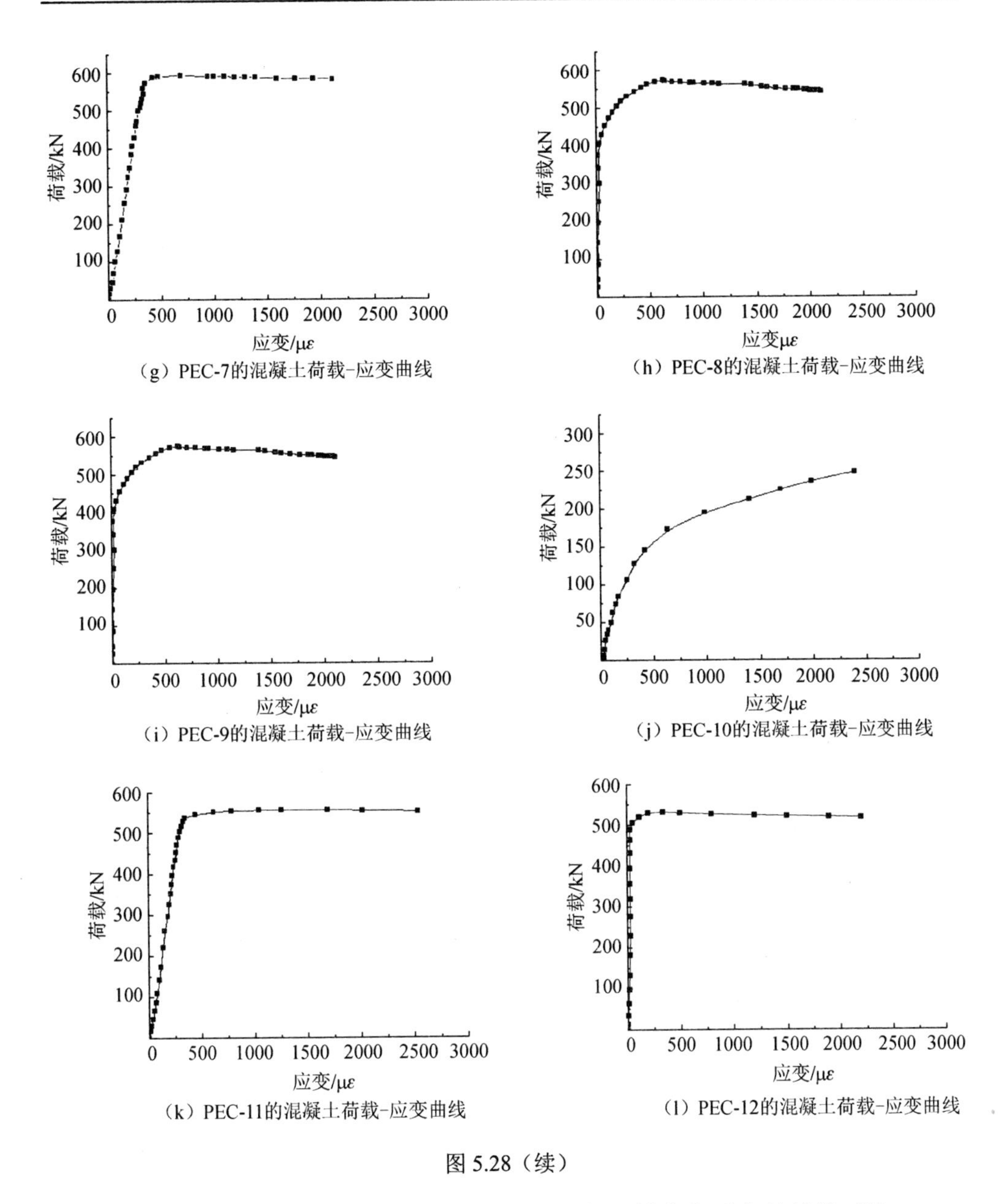

(g) PEC-7的混凝土荷载-应变曲线

(h) PEC-8的混凝土荷载-应变曲线

(i) PEC-9的混凝土荷载-应变曲线

(j) PEC-10的混凝土荷载-应变曲线

(k) PEC-11的混凝土荷载-应变曲线

(l) PEC-12的混凝土荷载-应变曲线

图 5.28（续）

5.3.4 型钢部分包裹再生混凝土柱在弱轴方向与强轴方向受力特性的对比

1. 偏压柱工作过程分析

根据得到的试验曲线发现，H 型钢部分包裹再生混凝土偏压柱的荷载-挠度曲线由直线上升段、曲线上升段和下降段 3 部分组成，如图 5.29 所示，分别对应试件的弹性阶段、弹塑性阶段和破坏阶段。

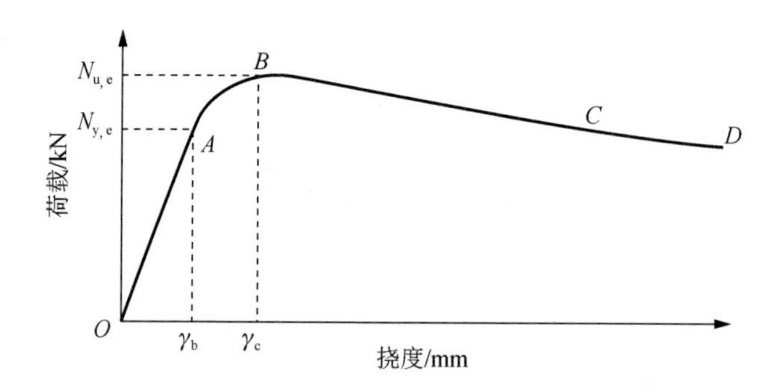

图 5.29　偏压柱的荷载-挠度曲线

1）弹性阶段。图 5.29 中 *OA* 段近似为一条倾斜的直线，当荷载达到了 *A* 点时，由于混凝土的约束作用，翼缘并没有立刻出现屈曲变形的现象，达到 *A* 点的荷载称为弹性极限荷载 $N_{y,e}$，与之相对应的应变称为屈服应变 ε_b。

2）弹塑性阶段。图 5.29 中 *AB* 段曲线斜率比 *OA* 段小，当达到极限荷载点 *B* 时，混凝土裂缝出现，出现翼缘与混凝土分离的现象，达到 *B* 点的荷载称为极限承载力 $N_{u,e}$，与之相对应的应变称为应变峰值 ε_c。

3）破坏阶段。过了极限荷载后，也就是图 5.29 中 *BCD* 段，荷载开始减小，出现翼缘屈曲变形加大、翼缘与混凝土脱开加大的现象，混凝土的裂缝也在不断发展，最后受压区的混凝土被压碎，试件承载能力丧失。

2. 偏压柱强、弱轴偏压的破坏模式对比分析

（1）强轴方向、弱轴方向试件破坏现象的相同点

达到极限荷载前：试件的横向变形和纵向变形均不大，翼缘部分都没有屈曲现象发生。随着荷载的增加，试件的弯曲变形逐渐增加，但整体变形不明显；试件的受拉区再生混凝土产生细小的裂缝，裂缝逐渐增大，并且逐渐产生新的裂缝。两个试验的试件都是中部屈曲现象明显。

（2）强轴方向、弱轴方向试件破坏现象的不同点

达到极限荷载时：强轴方向试验试件中部的翼缘与混凝土部分开始分离，但翼缘的变形较小；而弱轴方向试验在达到极限荷载时，试件中部附近的区域受拉区有大量裂缝产生，受压区表层再生混凝土已经大面积破坏，但翼缘与再生混凝土没有分离，翼缘没有明显的局部屈曲现象发生。

达到极限荷载后：强轴方向试验的再生混凝土的裂缝由受拉区翼缘向受压区翼缘发展，通过对再生混凝土的观察，可以发现裂缝逐渐扩大；当再生混凝土表层开始大量剥落时，翼缘出现了向外鼓曲变形的现象。在弱轴方向试验的受拉区可以观察到再生混凝土裂缝向腹板方向逐渐变大，受压区表层再生混凝土大面积

剥离脱落，柱子承载力开始下降，受压区翼缘开始出现鼓曲变形。

最终的破坏形式：强轴偏压试验的最终破坏形式是局部发生屈曲，受压侧再生混凝土被压碎。弱轴偏压试验的最终破坏形式是受拉区的再生混凝土裂缝较大，受压区试件中间区域的表层再生混凝土基本全部脱落，翼缘鼓曲变形与试件中间区域的再生混凝土没有完全分离，部分试件的翼缘断裂。

5.4　偏压柱承载力的计算方法

5.4.1　偏压柱在弱轴方向的承载力计算方法

1. 材料本构关系

（1）混凝土的本构关系

采用理想化的混凝土应力-应变关系曲线，如图 5.30 所示。

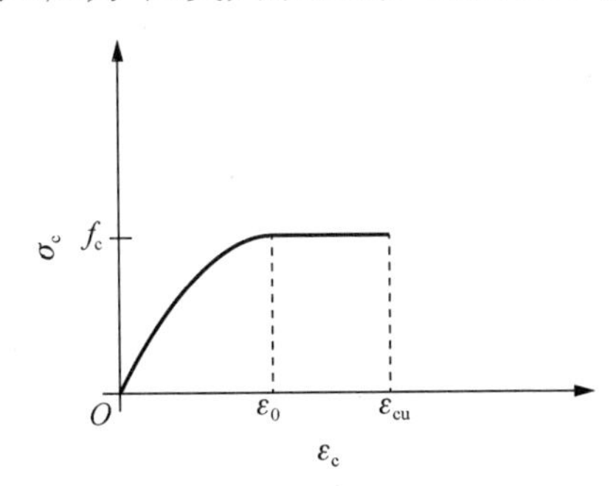

图 5.30　混凝土的应力-应变关系曲线

当 $\varepsilon_c \leqslant \varepsilon_0$ 时：

$$\sigma_c = f_c\left[1-\left(1-\frac{\varepsilon_c}{\varepsilon_0}\right)^n\right] \tag{5.1}$$

当 $\varepsilon_0 < \varepsilon_c \leqslant \varepsilon_{cu}$ 时：

$$\sigma_c = f_c \tag{5.2}$$

式中，f_c——混凝土轴心抗压强度设计值；

ε_0——刚达到 f_c 时的混凝土压应变，取 $\varepsilon_0 = 0.002 + 0.5(f_{cu,k} - 50)\times 10^{-5}$，当 ε_0 值小于 0.002 时，取 0.002；

ε_{cu}——正截面的混凝土极限压应变，对处于非均匀受压的受弯构件，取 $\varepsilon_{cu} = 0.0033 - (f_{cu,k} - 50)\times 10^{-5}$，计算值大于 0.0033 时，取 0.0033；

$f_{cu,k}$——混凝土立方体抗压强度标准值；

n——系数，$n = 2 - (f_{cu,k} - 50)/60$，计算值大于 2.0 时，取 2.0。

（2）型钢的本构关系

采用理想化弹塑性状态下钢的应力-应变关系，即当应力小于强度设计值时为一条斜直线，当大于或等于强度设计值时视为一水平直线，如图 5.31 所示。

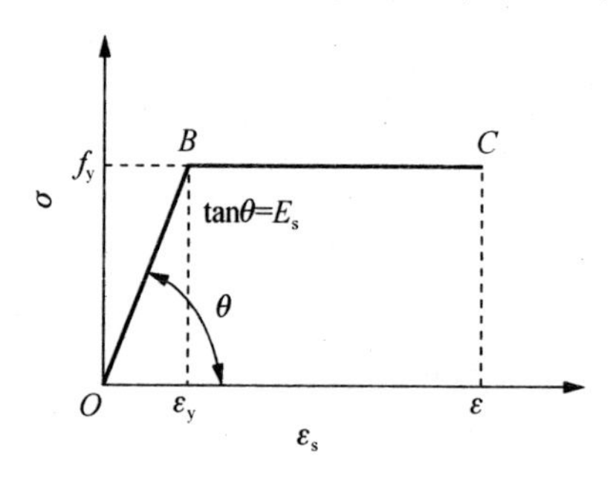

图 5.31　型钢应力-应变关系

当 $\varepsilon_s \leqslant \varepsilon_y$ 时：

$$\sigma_s = E_s\varepsilon_s \tag{5.3}$$

当 $\varepsilon_y < \varepsilon_s \leqslant \varepsilon$ 时：

$$\sigma_s = f_y \tag{5.4}$$

式中，ε_s——型钢的应变；

ε_y——型钢的屈服应变；

ε——型钢开始硬化时的应变；

σ_s——型钢的应力；

E_s——型钢的弹性模量；

f_y——型钢的屈服强度。

2. 承载力计算

偏压柱截面由 H 型钢和核心混凝土两部分组成，如图 5.32 所示。

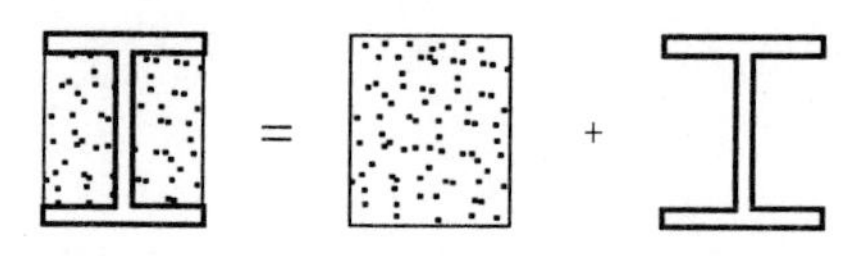

图 5.32　偏压柱截面的组成

根据试验分析，承载力计算时做下列假定：

1）当达到构件极限承载力时，假设混凝土与型钢的应变保持一致，截面应变符合修正后的平截面假定。

2）由材料本构关系确定型钢是理想的弹塑性体。

3）不考虑混凝土的抗拉能力。

4）混凝土的面积等于翼缘宽度与腹板净高的乘积。

5）极限状态时，混凝土折算应力的极限值取 f_{rc}。

6）型钢的腹板或翼缘不考虑局部失稳屈曲（失稳）。

参考其他研究学者对型钢部分包裹再生混凝土柱偏心受压柱的研究，结合本章的试验结果进行分析，可以用倪可勤公式计算双向偏心受压构件正截面承载力，公式为

$$N_1 \leqslant \frac{1}{\dfrac{1}{N_{lox}}+\dfrac{1}{N_{loy}}-\dfrac{1}{N_{lo}}} \tag{5.5}$$

式中，N_{lox}、N_{loy}——构件单向偏心时分别对于 x 轴、y 轴的受压承载力；

N_{lo}——构件轴心受压承载力设计值，不考虑构件的稳定系数，按 $N_{lo}=f_cA+f_a'A_{ab}$ 计算。其中，f_c 为混凝土轴心抗压强度；A 为构件截面面积；f_a' 为钢材的屈服强度；A_{ab} 为腹板钢材部分截面面积。

计算偏心受压柱承载力时，先作以下基本假定：①不考虑混凝土的抗拉；②受压区的法向应力图形为矩形。图 5.33 为型钢部分包裹再生混凝土单向偏心受压时，混凝土部分承载力计算简图。

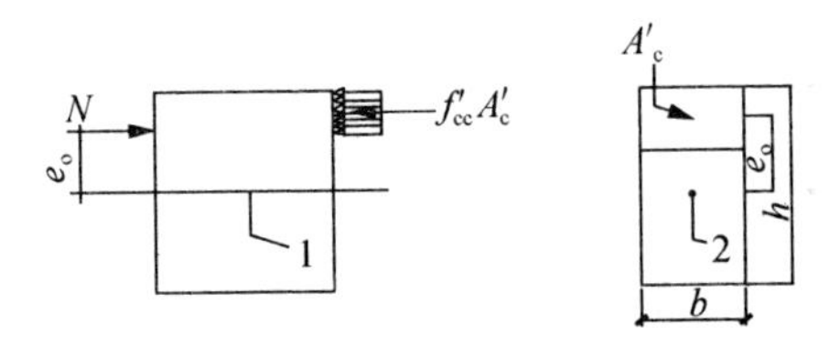

图 5.33　混凝土部分承载力计算简图

1—截面重心轴；2—截面重心

$$N_{lo}=f'_{cc}b(h-2e_o) \tag{5.6}$$

式中，b——混凝土的截面宽度；

h——混凝土的截面高度；

A'_c——混凝土受压区的面积；

e_o——轴向力作用点到截面重心的距离；

f'_{cc}——型钢部分包裹再生混凝土柱的混凝土轴心抗压强度，无横向系杆时，取 0.85 乘以混凝土轴心抗压强度值 f_c。

可以将式（5.6）写成：

$$N_{lo}=0.85f_cb(h-2e_o) \tag{5.7}$$

$$N_{lox}=0.85f_cb(h-2e_{iy}) \tag{5.8}$$

$$N_{loy}=0.85f_cb(h-2e_{ix}) \tag{5.9}$$

式中，e_{iy}、e_{ix}——分别为外力 N 对 x 轴及 y 轴的初始偏心距。

依据《混凝土结构设计规范》（GB 50010—2010）按下式计算：

$$N_{lo} = A_c f_{cc}' = 0.85 A_c f_c \tag{5.10}$$

式中，A_c——混凝土的截面面积；

f_c——混凝土轴心抗压强度。

偏压柱承载力由混凝土和型钢两部分承担，近似计算公式为

$$N_2\left(\frac{1}{A}+\frac{\eta_y e_{iy}}{W_{sx}}+\frac{\eta_x e_{ix}}{W_{sy}}\right)=f_{sy} \tag{5.11}$$

式中，N_2——考虑混凝土共同工作的极限近似承载力；

e_{iy}、e_{ix}——荷载对 x 轴及 y 轴的初始偏心距；

η_y、η_x——沿 y 轴及沿 x 轴偏心距增大系数；

W_{sx}、W_{sy}——型钢翼缘范围内矩形截面对 x、y 轴的截面抵抗矩；

f_{sy}——型钢抗压强度设计值。

型钢部分包裹再生混凝土偏心受压柱的极限承载力按下式计算：

$$N = N_1 + N_2 \tag{5.12}$$

参照式（5.12），以试件 PEC-1 为例，具体的计算为

$f_{rc}=15.12\text{N/mm}^2$，$f_a'=215\text{N/mm}^2$，$A_{ab}=9\times125=1125(\text{mm}^2)$，$e_o=25\text{mm}$，$b=125-2\times9=107(\text{mm})$，$\eta_x=1.03$，$W_{sy}=4.69\times10^4\text{mm}^3$

$$N_{lox}=0.85\times15.12\times107\times(125-2\times25)\approx103137(\text{kN})$$

$$N_{lo}=15.12\times125\times125+215\times125\times9\approx478125(\text{kN})$$

$$N_1=\cfrac{1}{\cfrac{1}{N_{lox}}-\cfrac{1}{N_{lo}}}=132(\text{kN})$$

$$N_2\left(\frac{1}{125\times125}+\frac{1.03\times25}{4.69\times10^4}\right)=215\Rightarrow N_2=351(\text{kN})$$

即极限承载力 $N=N_1+N_2=483\text{kN}$。

其余偏压柱的极限承载力值按以上理论公式计算，具体理论值与实测值对比见表 5.8。

表 5.8 实测与理论的计算结果对比

试件编号	再生粗骨料取代率/%	偏心距/mm	强/弱轴	实测荷载 N_c/kN	理论荷载 N_t/kN	N_t/N_c
PEC-1	0	25	弱轴	535	483	0.92
PEC-2	50	25	弱轴	524	454	0.87
PEC-3	50	50	弱轴	508	220	0.43
PEC-4	50	75	弱轴	265	159	0.60

续表

试件编号	再生粗骨料取代率/%	偏心距/mm	强/弱轴	实测荷载 N_c/kN	理论荷载 N_t/kN	N_t/N_c
PEC-5	100	25	弱轴	510	440	0.86
PEC-6	100	50	弱轴	480	216	0.45

从表 5.8 中可发现，PEC-1、PEC-2 及 PEC-5 有一个共同点，即在小偏心受压情况下，理论荷载与实测荷载的比值在 0.86～0.92，此理论公式较接近于实际型钢部分包裹再生混凝土偏心受压柱的极限承载力，可计算实际工程中型钢部分包裹再生混凝土柱在弱轴方向的偏心受压承载力；PEC-3、PEC-4 及 PEC-6 有一个共同点，即在大偏心受压情况下，理论荷载与实测荷载的比值在 0.43～0.60，此理论公式计算型钢部分包裹再生混凝土柱在弱轴方向的偏心受压承载力是偏于保守的，因此可初步估算实际工程中型钢部分包裹再生混凝土偏心受压柱在弱轴方向的承载力。

5.4.2　偏压柱在强轴方向的承载力计算方法

1. 界限受压区高度

型钢部分包裹再生混凝土偏压柱的破坏形态和受力性能类似于普通钢筋混凝土偏压柱，受较大压力一侧的型钢翼缘都能达到屈服强度，受压区混凝土被压碎导致构件破坏。当相对受压区高度较小或偏心距较大时，离轴向力较远一侧的型钢翼缘受拉，且能达到屈服强度；当相对受压区高度较大或偏心距较小时，离轴向力较远一侧的型钢翼缘受拉和受压情况不确定，一般不能达到屈服强度，只有当偏心距趋于零时，构件破坏可能发生受压屈服（全截面受压）；型钢部分包裹再生混凝土偏压柱的型钢面积一般较大，应该考虑以主要抗力元件是否达到屈服强度作为界定条件，且要与受弯构件的计算相一致，大、小偏压的根本区别是受拉区的型钢翼缘中心处钢材是否达到屈服。相应的计算界限相对受压区高度公式为

$$\xi_b = \frac{X_c}{h_o} = \frac{1}{1+\dfrac{\varepsilon_a}{\varepsilon_c}} = \frac{1}{1+\beta} \tag{5.13}$$

$$\beta = \frac{\varepsilon_y}{\varepsilon_c} = \frac{f_y}{E_a \varepsilon_c} \tag{5.14}$$

参照图 5.33，利用相似三角形关系得

$$\xi_b = \frac{\beta(h-a_s)}{\left(1+\dfrac{f_y}{\varepsilon_{cu} E_s}\right) h_o} \tag{5.15}$$

式中，ξ_b——型钢界限相对受压区高度；

X_c——混凝土受压区高度；

h_o——截面有效高度；

β——型钢应变与混凝土极限压应变比值；

ε_a——型钢应变；

ε_c——混凝土峰值应变；

ε_y——型钢屈服应变；

E_a——型钢弹性模量；

a_s——型钢受拉翼缘中心到受拉边缘的距离；

f_y——型钢屈服强度。

2. 基本计算假定

1）当达到构件极限承载力时，假设混凝土与型钢的应变仍保持一致，截面应变符合修正后的平截面假定。

2）不考虑混凝土的抗拉能力。

3）受压边缘混凝土极限压应变取 $\varepsilon_{cu} = 0.0033$，相应的最大压应力取混凝土轴心抗压强度 f_c，受压区应力图形简化成等效矩形应力图，其高度按平截面假定所确定的中和轴高度乘以系数 0.8，矩形应力图的应力取混凝土轴心抗压强度 f_c。

4）型钢腹板的应力图形为拉、压梯形应力图形。

5）型钢应力取应变与其弹性模量的乘积，但不大于其强度值。

3. 小偏心受压时基本公式和适用条件

当发生小偏心受压时（$\xi > \xi_b$），受压区的型钢翼缘能达到屈服强度，另外一侧翼缘随着ξ值的增大，拉应力会逐渐减小，进入受压状态，待接近轴心受压时，翼缘的应力值达到型钢的屈服强度f_y；随着ξ值的增大，截面应变和腹板应力分布图形将发生变化，距离轴向力较远一侧的翼缘受力由原来的拉变压。小偏心受压计算简图如图 5.34 所示。

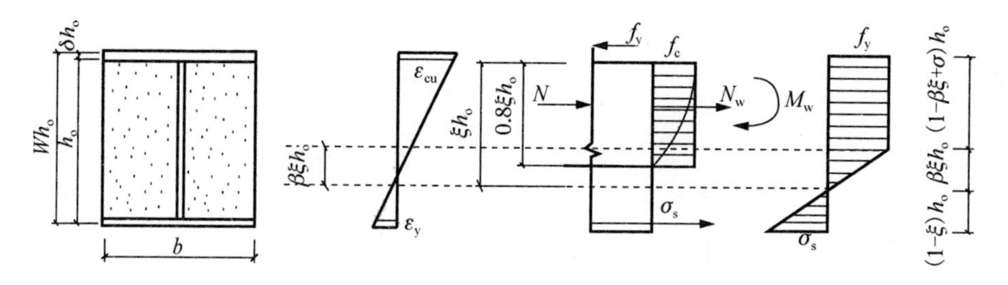

图 5.34　小偏心受压计算简图

如图 5.34 所示，由平截面假定和平衡条件得

$\sum X=0$，根据力的平衡条件：

$$N \leqslant N_{\mathrm{u}}=0.8C_{\mathrm{r}}f_{\mathrm{c}}b\xi h_{\mathrm{o}}+A_{\mathrm{s}}'f_{\mathrm{y}}'-\sigma_{\mathrm{s}}A_{\mathrm{s}}+N_{\mathrm{w}} \tag{5.16}$$

$\sum M=0$，对受拉翼缘形心取矩：

$$M \leqslant M_{\mathrm{u}}=(0.8-0.4\xi)C_{\mathrm{r}}f_{\mathrm{c}}b\xi h_{\mathrm{o}}^{2}+A_{\mathrm{s}}'f_{\mathrm{y}}'(h_{\mathrm{o}}-a_{\mathrm{s}}')+M_{\mathrm{w}} \tag{5.17}$$

式中，C_{r}——混凝土抗压强度提高系数；

A_{s}——型钢受拉区面积；

a_s'——型钢受压翼缘中心到受压边缘的距离；

N_{w}——腹板的截面抵抗轴力；

M_{w}——腹板的截面抵抗弯矩。

由腹板应力分布可知，受拉或压应力较小一侧型钢腹板形心处的应力达不到屈服强度（受拉或受压），由腹板图形中内力平衡条件得 N_{w}、M_{w} 为

$$\sum X=0$$

$$N_{\mathrm{w}}=f_{\mathrm{y}}A_{\mathrm{s1}}-\sigma_{\mathrm{s}}A_{\mathrm{s2}}=f_{\mathrm{y}}\left(\xi-\beta\xi+\delta\right)h_{\mathrm{o}}t_{\mathrm{w}}+\frac{1}{2}f_{\mathrm{y}}\beta\xi h_{\mathrm{o}}t_{\mathrm{w}}-\frac{1}{2}\sigma_{\mathrm{s}}\left(1-\xi\right)h_{\mathrm{o}}t_{\mathrm{w}}$$

化简得

$$N_{\mathrm{w}}=\left[W-\frac{\left(1-\xi+\beta\xi\right)^{2}}{2\beta\xi}\right]t_{\mathrm{w}}h_{\mathrm{o}}f_{\mathrm{y}} \tag{5.18}$$

式中，A_{s1}——腹板受压区截面面积；

A_{s2}——腹板受拉区截面面积。

$\sum M=0$，对受拉翼缘形心取矩：

$$\begin{aligned} M_{\mathrm{w}}&=f_{\mathrm{y}}A_{\mathrm{s1}}d_{1}-\sigma_{\mathrm{s}}A_{\mathrm{s2}}d_{2}\\ &=f_{\mathrm{y}}\left(\xi-\beta\xi+\delta\right)h_{\mathrm{o}}t_{\mathrm{w}}\left[\frac{1}{2}\left(\xi-\beta\xi+\delta\right)+\beta\xi+\left(1-\xi\right)\right]h_{\mathrm{o}}\\ &\quad+\frac{1}{2}f_{\mathrm{y}}\beta\xi h_{\mathrm{o}}t_{\mathrm{w}}\left(\frac{2}{3}\beta\xi+1-\xi\right)h_{\mathrm{o}}-\frac{1}{2}\sigma_{\mathrm{s}}\left(1-\xi\right)h_{\mathrm{o}}t_{\mathrm{w}}\cdot\frac{1}{3}\left(1-\xi\right)h_{\mathrm{o}} \end{aligned}$$

化简得

$$M_{\mathrm{w}}=\left[\frac{W^{2}}{2}-\frac{\left(1-\xi+\beta\xi\right)^{3}}{6\beta\xi}\right]t_{\mathrm{w}}h_{\mathrm{o}}^{2}f_{\mathrm{y}} \tag{5.19}$$

在推导的过程中，令 $f_{\mathrm{y}}=f_{\mathrm{y}}'$，$N_{\mathrm{w}}$、$M_{\mathrm{w}}$ 在 $\xi_{\mathrm{b}}<\xi<1$ 情况下得出的，基本公式中的 σ_{s} 随 ξ 的变化而变化，是 ξ 的函数；当 $\xi=\xi_{\mathrm{b}}$ 时，取 $\sigma_{\mathrm{s}}=-f_{\mathrm{y}}$，受压达到屈服强度，得

$$\sigma_s = \frac{\frac{h}{h_o} + \xi_b - 2\xi}{\frac{h}{h_o} - \xi_b} f_y, \quad |\sigma_s| \leqslant f_y \tag{5.20}$$

在计算小偏压时，轴力和弯矩中分别出现ξ的二次幂和三次幂。为了便于计算，简化N_w、M_w的公式，常用的型钢种类的β值和实际相受压区界限高度ξ_b见表 5.9。由表 5.9 发现，$\beta = 0.136 \sim 0.515$，ξ_b的最小值为 0.66。在式（5.17）及式（5.18）中令

$$N_w' = \frac{N_w}{t_w h_o f_y} - W \tag{5.21}$$

$$M_w' = \frac{M_w}{t_w h_o^2 f_y} - \frac{W^2}{2} \tag{5.22}$$

则N_w、M_w可化简为

$$\overline{N}_w = -\frac{(1-\xi+\beta\xi)^2}{2\beta\xi} \tag{5.23}$$

$$\overline{M}_w = -\frac{(1-\xi+\beta\xi)^3}{6\beta\xi} = \overline{N}_w \frac{1-\xi+\beta\xi}{3} \tag{5.24}$$

表 5.9　β 值和 ξ_b 值的确定

钢材种类	名称	Q235 钢			Q345 钢			Q390 钢		
	厚度 / mm	1 组	2 组	3 组	≤16	17～25	26～36	≤16	17～25	26～36
	设计值 /（N/mm²）	215	200	190	315	300	290	350	335	320
	β	0.136	0.294	0.279	0.463	0.441	0.427	0.515	0.493	0.471
	ξ_b	0.76	0.77	0.78	0.68	0.69	0.70	0.66	0.67	0.68

经过回归分析，偏安全地将式（5.23）、式（5.24）拟合为下列形式：

$$\overline{N}_w = 1.75(\xi - 0.6) - 1 \qquad (\xi_b < \xi < 1) \tag{5.25}$$

$$\overline{M}_w = \overline{N}_w \left[1 - \xi(1-\beta)\right] \qquad (\xi_b < \xi < 1) \tag{5.26}$$

4. 大偏心受压时基本公式和适用条件

当大偏心受压时（$\xi < \xi_b$），受压区翼缘达到屈服强度，另一侧的翼缘受拉，且能达到屈服，混凝土被压碎而导致构件破坏。大偏心受压计算简图如图 5.35 所示。

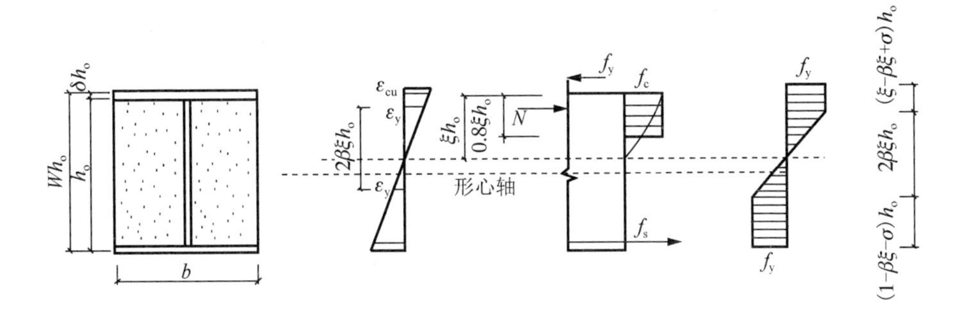

图 5.35　大偏心受压计算简图

$\sum X=0$，根据力的平衡条件：

$$N \leqslant N_u = 0.8C_r f_c b\xi h_o + N_w \tag{5.27}$$

$\sum M=0$，对受拉翼缘形心取矩：

$$M \leqslant M_u = 0.8(1-0.4\xi)C_r f_c b\xi h_o^2 + A_s' f_y'(h_o - a_s') + M_w \tag{5.28}$$

$$N_w = (2\xi + W - 2)t_w h_o f_y \tag{5.29}$$

$$M_w = \left[\frac{W^2}{2} - (1-\xi)^2 - \frac{\beta^2\xi^2}{3}\right] t_w h_o^2 f_y \tag{5.30}$$

根据以上公式，具体实测与理论的计算结果对比见表 5.10。

表 5.10　实测与理论的计算结果对比

试件编号	再生粗骨料取代率/%	偏心距/mm	强/弱轴	实测荷载 N_c/kN	实测弯矩/（kN·m）	理论荷载 N_t/kN	理论弯距/（kN·m）	N_t/N_c
PEC-7	0	25	强轴	593	26.7	476	44.5	0.80
PEC-8	50	25	强轴	575	25.9	455	40.9	0.79
PEC-9	50	50	强轴	559	39.1	360	32.8	0.64
PEC-10	50	75	强轴	291	27.6	302	26.4	1.03
PEC-11	100	25	强轴	554	24.9	441	41.8	0.80
PEC-12	100	50	强轴	531	37.2	336	30.5	0.63

从表 5.10 中发现，型钢部分包裹再生混凝土柱偏心受压柱承载力理论值均小于或接近实测极限承载力值；在偏心距为 25mm 的情况下，理论荷载与实测荷载的比值在 0.80 左右；在偏心距 50mm 的情况下，理论荷载与实测荷载的比值在 0.64 左右，可运用于计算实际工程中的型钢部分包裹再生混凝土柱在强轴方向的偏心受压承载力。

通过图 5.36 和图 5.37 发现，试件再生粗骨料取代率为 50%时，试验得出的转矩-轴力（M–N）曲线与理论得出的 M–N 曲线比较接近，在试验条件下，型钢部分包裹再生混凝土柱强轴方向偏心受压柱都在包络图范围内，偏于安全；再生粗骨料取代率为100%试件未安排偏心距75mm作参考，但可用再生粗骨料取代率50%试件的 M–N 相关曲线作参照，型钢部分包裹再生混凝土柱强轴方向偏心受压柱的破坏荷载也都在包络图范围内，也是偏于安全的。

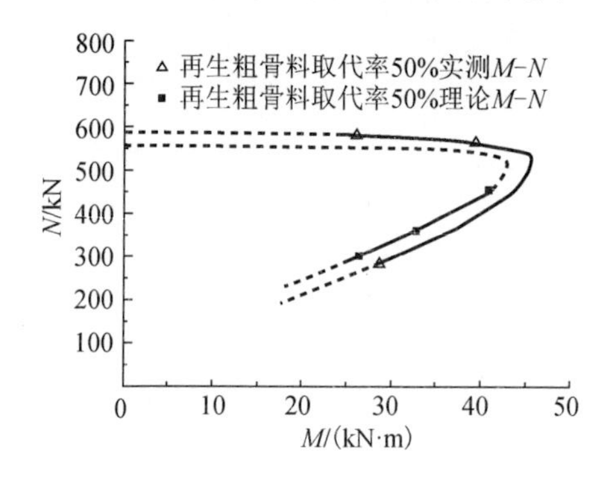

图 5.36　再生粗骨料取代率 50%试件的 M–N 相关曲线

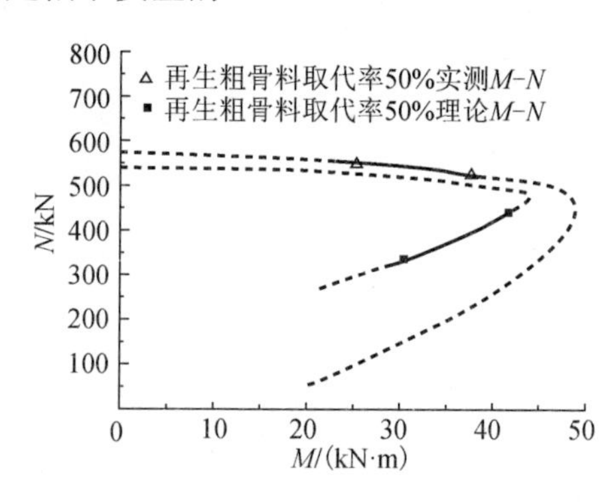

图 5.37　再生粗骨料取代率 100%试件的 M–N 相关曲线

参 考 文 献

[1] 肖建庄. 再生混凝土[M]. 北京：中国建筑工业出版社，2008.

[2] IKEDA T, YAMANE S. Strengths of concrete containing recycled aggregate[C]. Proceeding of the Second International RILEM Symposium on Demolition and Reuse of Concrete and Masonry, Tokyo, 1988: 726-735.

[3] BAIRAGI N K, RAVANDE K, PAREEK V K. Behavior of concrete with different proportions of natural and recycled aggregates[J]. Resources, Conservation and Recycling, 1993, 9(1,2): 109-126.

[4] KAKIZAKI M, HARADA M. Strength and elastic modulus of recycled aggregate concrete[C]. Proceedings of the Second International RILEM Symposium on Demolition and Reuse of Concrete and Masonry, Tokyo, 1988: 565-574.

[5] CAINS R, NIRO G D, DOLARA E. The use of RAC in prefabrication[C]. Proceedings of Conference on Use of Recycled Concrete Aggregate, 1998.

[6] 邢振贤，周曰农. 再生混凝土的基本性能研究[J]. 华北水利水电学院学报，1998，19（2）：30-32.

[7] NAGAOK A S. Equipments for recycled aggregate manufacturing[J]. Concrete Journal, 1997, 35(7): 36-43.

[8] YAMATO T, EMOTO Y, SOEDA M. Mechanical properties, drying shrinkage and resistance to freezing and thawing of concrete using recycled aggregate[C]. Recent Advances in Concrete Technology. Tokushima, 1998: 105-121.

[9] RAVINDRARAJAH R, TAM C T. Properties of concrete made with crushed concrete as coarse aggregate[J]. Magazine of Concrete Research, 1985, 37(130): 29-37.

[10] MESBAH H A, BUYLE-BODIN F. Efficiency of polypropylene and metallic fibers on control of shrinkage and cracking of recycled aggregate mortars[J]. Constructions and Building Materials, 1999, 13(8): 439-447.

[11] ETXEBERRIA M, VAZQUEZ E, MARI A, et al. Influence of amount of recycled coarse aggregates and production process on properties of recycled aggregate concrete[J].Cement and Concrete Research, 2007, 37(5): 735-742.

[12] ACHTEMICHUK S, HUBBARD J, SLUCE R, et al. The utilization of recycled concrete aggregate to produce controlled low-strength materials without using Portland cement[J]. Cement and Concrete Composites, 2009, 31(8): 564-569.

[13] EVANGELISTA L, DE B J. Durability performance of concrete made with fine recycled concrete aggregates[J]. Cement and Concrete Composites, 2010, 32(1): 9-14.

[14] TABSH S W, ABDELFATAH A S. Influence of recycled concrete aggregates on strength properties of concrete[J].Construction and Building Materials, 2009, 23(2): 1163-1167.

[15] FUNG W K. Durability of concrete using recycled aggregates[C]. SCCT Annual Concrete Seminar, 2005.

[16] LEVY S M, HELENE P. Durability of recycled aggregates concrete: a safe way to sustainable development[J]. Cement and Concrete Research, 2004, 34(11): 1975-1980.

[17] 肖建庄，杜江涛. 不同再生粗骨料混凝土单轴受压应力-应变全曲线[J]. 建筑材料学报，2008，11（1）：111-115.

[18] 李秋义，田砺，朱亚光，等. 再生骨料混凝土耐久性试验研究[J]. 中山大学学报（自然科学版），2007，46（s1）：337-338.

[19] 李丕胜. 再生混凝土与钢筋间粘结滑移性能研究[D]. 上海：同济大学，2005.

[20] 兰阳. 再生混凝土梁受弯与受剪性能研究[D]. 上海：同济大学，2004.

[21] 张闻. 再生粗骨料钢筋混凝土梁抗剪性能试验研究[D]. 南京：南京航空航天大学，2008.

[22] NISHIURA N. Experimental study of recycled aggregate concrete half-precast beams with lap joints[J]. Transactions of the Japan Concrete Institute, 2001(23): 295-302.

[23] DOLARA E, NIRO G D, CARINS R. RAC prestressed beams[C]. Proceedings of Conference on Use of Recycled Concrete Aggregate, 1998.

[24] 沈宏波. 再生混凝土柱受力性能试验研究[D]. 上海：同济大学，2005.

[25] 张静. 再生混凝土框架柱抗震性能试验研究[D]. 合肥：合肥工业大学，2010.

[26] 尹海鹏. 再生混凝土框架-剪力墙抗震性能试验及理论研究[D]. 北京：北京工业大学，2010.

[27] GONZALEZ V C L, MORICONI G. The influence of recycled concrete aggregates on the behavior of beam-column joints under cyclic loading[J]. Engineering Structures, 2014, 60: 148-154.

[28] CORINALDESI V, MORICONI G. Behavior of beam-column joints made of sustainable concrete under cyclic loading[J]. Journal of Materials in Civil Engineering, 2006, 18(5): 650-658.

[29] 肖建庄，朱晓晖. 再生混凝土框架节点抗震性能研究[J]. 同济大学学报（自然科学版），2005，33（4）：436-440.

[30] 孙跃东. 再生混凝土框架抗震性能试验研究[D]. 上海：同济大学，2006.

[31] 王社良，杜亚超，余滨杉，等. 性能增强再生混凝土框架中节点非线性分析[J]. 世界地震工程，2015，35（2）：28-33.

[32] 柳炳康，陈丽华，周安，等. 再生混凝土框架梁柱中节点抗震性能试验研究[J]. 建筑结构学报，2011，32（11）：109-115.

[33] KONNO K, SATO Y, KAKUTA Y, et al. The property of recycled concrete column encased by steel tube subjected to axial compression[J]. Transactions of Japan Concrete Institute, 1997, 19(2): 231-238.

[34] 吴凤英，杨有福. 钢管再生混凝土轴压短柱力学性能初探[J]. 福州大学学报（自然科学版），2005，33（s1）：305-308.

[35] 肖建庄，杨洁，黄一杰，等. 钢管约束再生混凝土轴压试验研究[J]. 建筑结构学报，2011，32（6）：92-98.

[36] 王玉银，陈杰，纵斌，等. 钢管再生混凝土与钢筋再生混凝土轴压短柱力学性能对比试验研究[J]. 建筑结构学报，2011，32（12）：170-177.

[37] 吴波，刘伟，刘琼祥，等. 钢管再生混合短柱的轴压性能试验[J]. 土木工程学报，2010，43（2）：32-38.

[38] 吴波，刘伟，刘琼祥，等. 薄壁钢管再生混合短柱轴压性能试验研究[J]. 建筑结构学报，2010，31（8）：22-28.

[39] 吴波，许喆，刘琼祥，等. 薄壁钢管再生混合柱的抗剪性能试验[J]. 土木工程学报，2010，43（9）：12-21.

[40] 吴波，张金锁，赵新宇. 薄壁方钢管再生混合柱抗震性能试验研究[J]. 建筑结构学报，2012，33（9）：38-48.

[41] 曾文祥. 方钢管再生混凝土柱-钢梁节点抗震性能研究[D]. 南宁：广西大学，2015.

[42] 陆鹏. 方钢管再生混凝土柱-再生混凝土梁节点抗震性能研究[D]. 南宁：广西大学，2015.

[43] 王秀振. 型钢再生混凝土梁受剪性能试验研究[D]. 西安：西安建筑科技大学，2011.

[44] 崔卫光. 型钢再生混凝土组合柱正截面受力性能试验研究[D]. 西安：西安建筑科技大学，2011.

[45] 郑华海. 型钢再生混凝土粘结滑移性能研究[D]. 南宁：广西大学，2011.

[46] 薛建阳，鲍雨泽，任瑞，等. 低周反复荷载下型钢再生混凝土框架中节点抗震性能试验研究[J]. 土木工程学报，2014（10）：11-17.

[47] ELNASHAI A S, TAKANASHAI K, ELGHAZOULI A Y, et al. Experimental behaviour of partially encased composite beam-columns under cyclic and dynamic loads[C]. Proceeding of the Institute of Civil Engineers, 1991, 2(91): 259-272.

[48] ELNASHAI A S, ELGHAZOULI A Y. Performance of composite steel/concrete members under earthquake loading, part1: analytical model[J]. Earthquake Engineering Structural Dynamics, 1993, 22(4): 315-345.

[49] TREMBLAY R, MASSICOTTE B, FILION I, et al. Experimental study on the behaviour of partially encased composite columns made with light welded H steel shapes under compressive axial loads[C]. Proceeding of 1998 SSRC Annual Technical Meeting, Atlanta, 1998: 195-204.

[50] TREMBLAY R, CHICOINE T, MASSICOTTE B, et al. Compressive strength of large scale partially-encased composite stub columns[C]. Proceeding of 2000 SSRC Annual Technical Session & Meeting, Memphis, 2000: 262-272.

[51] BOUCHEREAU R, TOUPIN J. Experimental investigations on compression-flexion of partially encased composite columns[R]. EPM/GCS of Civil, Geological and Mining Engineering, Ecole Polytechnique, Montreal, 2003.

[52] PRICKETT B S, DRIVER R G. Behaviour of partially encased composite columns made with high performance concrete[D]. Edmonton: University of Alberta, 2006.

[53] CHICOINE T, MASSICOTTE B, TREMBLAY R. Long-term behavior and strength of partially encased composite columns made with built-up steel shapes[J]. Journal of Structural Engineering, 2003, 129(2):141-150.

[54] ZANDONINI R. Advanced design and system performance control of steel-concrete composite frames in earthquake-prone areas[J]. Advances in steel structures, 2005:69-83.

[55] BURSI O S, ZANDONINI R, SALVATORE W, et al. Seismic behavior of a 3D full-scale steel-concrete composite moment resisting frame structure[C]. Proceedings of the 5th International Conference on Composition in Steel and Concrete V, 2006: 641-652.

[56] BRACONI A, BURSI O S, FABBROCINO G, et al. Seismic performance of a 3D full-scale high-ductile steel-concrete composite moment-resisting frame-Part II: test results and analytical validation[J]. Earthquake Engineering and Structural Dynamics, 2008, 37(14): 1635-1655.

[57] 赵根田，高志军. 外包 H 型钢混凝土轴压短柱受力性能研究[J]. 哈尔滨工业大学学报，2007，9(增刊)：176-178.

[58] 赵根田，郝志强，朱晓娟，等. 部分包裹混凝土偏心受压短柱受力性能试验研究[J]. 内蒙古科技大学学报，2008，27（2）：178-182.

[59] 赵根田，李鹏宇. H 型钢部分包裹混凝土组合短柱抗震性能的试验研究[J]. 内蒙古科技大学学报，2008，27（4）：351-354.

[60] 方有珍，陆佳，马吉，等. 薄壁钢板组合 PEC 柱（强轴）滞回性能试验研究[J]. 土木工程学报，2012，45（4）：48-55.

[61] 方有珍，顾强，申林，等. 薄板混凝土组合截面部分外包组合柱（弱轴）滞回性能试验研究[J]. 建筑结构学报，2012，33（4）：113-120.

[62] 杨文侠，方有珍，顾强，等. 薄壁钢板组合截面 PEC 柱抗震性能的足尺试验研究[J]. 工程力学，2012，29（8）：108-115.